塑性力学简明教程

李 毅 主编

中国矿业大学出版社
·徐州·

内 容 提 要

　　本书是面向工程力学专业本科生和工科相关专业高年级或研究生编写的塑性力学入门教材。全书共分 9 章。首先从简单应力状态问题分析,建立了塑性力学的基本概念和方法,然后再逐步将有关概念推广到复杂应力状态中去,内容包括:张量简介、应力分析、应变分析、屈服条件、本构关系、简单的弹塑性问题分析及滑移线理论,内容循序渐进,深入浅出,着重基本概念和基本理论,为今后进一步提高打下坚实的理论基础。全书各章附有习题,便于学习掌握基本内容。

　　本书可作为 30 到 60 学时的"塑性力学"课程的教材或参考书使用,也可供相关工程技术人员参考。

图书在版编目(C I P)数据

塑性力学简明教程 / 李毅主编. —徐州:中国矿业大学
出版社,2017.12(2022.2 重印)
　　ISBN 978-7-5646-3850-4

　　Ⅰ.①塑…　Ⅱ.①李…　Ⅲ.①塑性力学－高等学校－
教材　Ⅳ.①O344

　　中国版本图书馆 CIP 数据核字(2017)第 319389 号

书　　名	塑性力学简明教程
主　　编	李　毅
责任编辑	吴学兵
出版发行	中国矿业大学出版社有限责任公司
	(江苏省徐州市解放南路　邮编 221008)
营销热线	(0516)83884103　83885105
出版服务	(0516)83995789　83884920
网　　址	http://www.cumtp.com　E-mail:cumtpvip@cumtp.com
印　　刷	徐州中矿大印发科技有限公司
开　　本	787 mm×1092 mm　1/16　印张 9　字数 225 千字
版次印次	2017 年 12 月第 1 版　2022 年 2 月第 2 次印刷
定　　价	29.00 元

(图书出现印装质量问题,本社负责调换)

前　言

　　本书是在 20 多年来作者本人一直使用的塑性力学讲义及多年的教学经验基础上,参考了国内外的相关教材编写而成。

　　塑性力学和弹性力学一样,是固体力学的核心内容,是研究物体产生弹塑性变形规律的一门学科。塑性力学不仅是断裂力学、损伤力学等许多研究领域的理论基础,而且在结构分析、岩土工程、材料加工成型、机械设计、矿业工程以及其他一些工程实际问题中有重要的应用。

　　为了兼顾工程力学专业的本科生和其他专业的高年级学生和研究生的需要,本书采取由浅入深、先易后难的原则,在基本概念、基本理论上讲清讲透,在应用上注意与相关工程专业问题相结合,在传统塑性力学注重金属材料的基础上,加强岩土类非金属材料的介绍。

　　全书共分 9 章。绪论部分介绍了塑性力学中重要的基本概念和金属材料的两个重要的基础实验:拉伸实验和静水压力实验,并详细分析了桁架的弹塑性过程。第 2 章研究了梁的弹塑性弯曲及梁和刚架的塑性极限分析。第 3 章介绍了笛卡尔张量的基本知识,方便后面的讨论。第 4 章和第 5 章较详细地介绍了应力张量和应变张量的来源及其相关的基本概念,为非力学专业的学生提供一个比较全面的基础补充,并为力学专业的学生今后的深造提供良好的思维模型。第 6 章屈服条件不仅介绍了传统的适用于金属类材料的屈服条件,还比较详细地介绍了适用于非金属材料的屈服条件。第 7 章讨论了弹性本构关系、Drucker 公设,并在此基础上建立了流动法则和塑性增量型的本构关系,还介绍了全量型本构关系,至此,塑性力学的基本理论得以建立。第 8 章应用前面建立的塑性力学基本理论,求解一些经典的弹塑性力学问题。第 9 章介绍理想刚塑性平面应变问题的滑移线理论。

　　在本书的立项及编写过程中,得到了中国矿业大学力学系多位老师的建议和帮助,得到了数届工程力学专业的学生和其他专业的研究生的热情鼓励和支持,本书得到了中国矿业大学品牌专业建设项目的资金支持,在此表示深切的谢意!

　　希望本书能够对力学专业和其他有关专业的本科生和研究生以及从事相关专业的教育和研究人员有所帮助。同时恳请同行专家和使用本书的读者提出宝贵意见。由于编者水平有限,书中不妥之处,恳请广大读者指正。作者 E-mail:liyi8091@163.com。

编者

2017 年 12 月于徐州

目　录

第 1 章 绪 论

1.1 塑性力学的任务

固体的受力变形可以分为两大类:一类是弹性变形,一般来讲,当施加的力较小时,已产生的变形能够在载荷卸除后完全恢复,这种变形称为弹性变形。弹性变形的特点是,物体的受力与变形之间具有一一对应的关系。另一类变形称为非弹性变形,是指物体的受力与变形之间不具有一一对应的关系。这又可以细分成两种情形:① 变形与时间有关,称为黏性变形,如蠕变、松弛。② 变形与时间无关,称为塑性变形。当施加的载荷较大时,去除所施加的载荷,产生的变形并不会完全恢复,而会保留一部分不可恢复的"残余变形",我们称之为"塑性变形"。这就是本课程重点研究的问题。当物体产生的变形均是可恢复的弹性变形时,可用弹性力学的理论和方法来研究,得出物体的应力场、应变场和位移场。当产生了塑性变形后,弹性理论便无力解决了,这时问题属于塑性力学的研究范畴。塑性力学是固体力学的一个分支,它的主要任务是研究固体在有塑性变形时的应力场、应变场和位移场。

对弹性变形来讲,物质的应力和应变之间具有一一对应关系,又叫函数关系,受力能决定变形,反之,变形也能决定受力。特别的,对无初应变问题而言,零受力一定对应于零应变。

对塑性变形而言,由于有残余应变,零受力完全可以对应于不同的非零应变,因此应力与应变之间不具有一一对应的关系,也就是说,应力与应变之间不存在直接的函数关系。要想知道应变,不仅要有应力,还需要知道"受力历史"才可以。我们不可能建立起有塑性变形时的应力和应变两者之间的函数关系,但可以建立应力、应变和受力历史三者之间的函数关系。

当材料温度变化时,固体材料的变形性质和塑性变形能力会发生变化。当材料受到冲击、爆炸等动态载荷作用时,其塑性变形能力也会发生明显的变化,通常屈服点会提高,塑性变形能力下降,变得更脆。当在高围压时有些材料,塑性变形能力增加,有更好的延展性。对应不同的变形情况,有不同的专门课程如"弹性力学"、"塑性动力学"、"爆炸力学"、"流变力学"等等。我们这门"塑性力学"课程,主要研究常温、准静态的弹性和塑性小变形问题。

学习塑性力学的目的,第一,研究在哪些条件下允许结构中出现塑性变形,以充分发挥结构的承载能力;第二,研究物体产生塑性变形后对结构的强度和刚度的影响;第三,研究如何利用材料的塑性变形达到加工成型的目的。

塑性力学是一门理论性很强、应用范围很广的学科,它既是基础学科又是技术学科,塑性力学的产生发展与工程实践的需求密不可分。

塑性力学与弹性力学同属于连续介质力学,研究物体的方法有相似之处,其基本方程有平衡方程、几何方程和本构方程三类。其中平衡方程和几何方程与弹性力学没有区别,仅仅本构方程不同。弹性力学的本构方程常见的是广义胡克定律,而塑性力学的本构方程则需要我们重新建立。由于方程组的变化,因此塑性力学的解题方法与弹性力学有所不同。

1.2　塑性力学发展简介

1773 年,库仑(C. A. Coulumb)提出了主要适用于岩土类材料的屈服条件,但此后的近百年,少有进展。随着金属材料的兴起,1864 年,法国工程师特雷斯卡(H. Tresca)公布了关于冲压和挤压的试验报告。根据这些试验,他认为最大剪应力决定金属材料的屈服条件。这也通常被认为是塑性力学作为一门独立学科的开始。1870 年,圣维南(Saint-Venant)应用 Tresca 屈服准则计算了圆柱体受扭转或弯曲时处于弹塑性状态时的应力。圣维南认为,最大剪应力和最大剪应变增量的方向是一致的,并建立起了二维流动平面应变方程式。按这一思路,莱维(Levy)推广了圣维南的工作,将应力应变关系推广到了三维的情况。这时,圣维南已经认识到应力应变之间没有一一对应的关系。

20 世纪初,人们通过许多试验研究,提出了屈服条件,其中 1913 年米泽斯(R. Von Mises)提出的屈服条件,后来被解释为最大形变能的屈服条件较为令人满意。这期间米泽斯还独立地得出了莱维曾经给出的塑性应力应变关系。米泽斯的文章发表后,引起强烈反应。由于他们都只考虑了塑性应变,没有考虑弹性应变,因而属于刚塑性理论。1924 年,亨基(H. Hencky)采用 Mises 屈服准则在解决塑性小变形问题时很方便。1926 年,罗德(W. Lode)用钢、铜和镍的薄壁圆管试件进行了内压和轴向拉伸联合作用下的试验,泰勒(G. I. Taylor)和奎宁(H. Quinney)改进了罗德的试验,用比较安全的薄壁管拉扭联合作用试验,证实了 Levy-Mises 应力应变关系的基本准确性。1930 年,鲁伊斯(A. Ruess)在普朗特(L. Prandtl)的启示下,提出了考虑弹性变形和塑性变形同时存在的情况下的应力应变关系,即塑性力学的增量理论。至此,经典的塑性理论已初步形成。

塑性力学的增量理论尽管理论正确,但由于要求必须清楚材料受力历史过程,同时按增量步逐步计算,计算工作量非常大,使得增量理论在实际问题应用中,经常困难重重。与此同时,亨基和那戴(A. Nadai)提出了一个实践中使用比较方便的全量理论,即使用应力和应变的全量表示的理论。此后,苏联的伊柳辛(A. A. Iliushin)提出了简单加载定理,使全量理论大量用于解决具体问题。虽然全量理论在理论上有天生的缺陷,不适用于复杂加载的情形,但对许多实际问题的计算却有很好的效果。1949 年,巴道夫(Batdorf)和布第扬斯基(Budiansky)从晶体的滑移物理概念出发,提出了滑移理论。

1951 年,美国的德鲁克(D. C. Drucker)提出了著名的德鲁克公设,对稳定材料证明了塑性应变率与屈服面的正交性,并提出了相关联的流动法则的概念,为塑性分析理论带来了很大的方便。1960 年代前后,对结构承载能力的研究有了很大的发展,特别是德鲁克和普拉格(W. Prager)等人对三维应力状态下的问题提出了极值定理,从而引出了上、下限定理,把塑性极限分析推进了一大步,使得很多实际问题得到了很好的解决。

对于岩土类材料塑性性质研究的很早,1773 年库仑提出土质破坏条件,其后推广为摩尔-库仑准则(Mohr-Coulomb)。1929 年,费伦纽斯(Fellenius)提出了极限平衡法;1943 年,太沙基(K. Terzaghi)等人发展了 Fellenius 的理论,用来解决土力学中的各种稳定性问题;

其后陈惠发(W. F. Chen)等人又在发展土的极限分析方面做过许多工作。不过,这些方法没有考虑材料的应力应变关系,只局限于求解岩土类材料的极限承载能力,无法求解变形问题。

随着经典塑性力学、岩土力学的发展,有限元等数值计算方法的大量应用,岩土材料的塑性力学的研究有了很大的发展。1957 年,德鲁克等人首先指出静水应力(平均应力)会导致岩土材料产生屈服。1958 年,英国剑桥大学的罗斯科(Roscoe)等人提出了土的临界状态的概念;1963 年,又提出了剑桥黏土的弹塑性本构模型。自 20 世纪 70 年代以来,岩土材料的本构模型研究十分活跃。

1.3 塑性力学的基本假设

与弹性力学相似,经典塑性力学主要适用于金属材料的理论建立在下列基本假设之上:

(1) 材料是均匀的,连续的,在初始屈服前是各向同性的。

(2) 基于 Bridgman 的实验结果,静水应力状态不影响塑性变形,只产生弹性的体积变化。对塑性应变而言,不会引起材料体积的变化,材料是不可压缩的。

(3) 材料是稳定的,即更大的变形对应更大的受力,称为应变强化材料,如金属材料。对于岩土类材料,塑性变形会引起承载能力的减弱,不符合本条假设。

(4) 材料是非黏性的,材料的力学性质与温度、时间无关。这意味着我们考虑常温下准静态的情况,不考虑蠕变、松弛现象。

(5) 弹性性质与塑性变形无关。弹性变形所遵循的规律,如广义胡克定律,在有塑性变形时,依然有效,这对于金属类材料基本正确,但是岩土材料会出现弹塑性耦合的情况。

以上 5 条是我们建立塑性力学理论的基本假设,主要适用于金属类材料。对应岩土类材料,虽不适用,但稍加修改就可以适用,后面会有介绍。

1.4 两个重要的基础实验

在塑性力学的发展过程中,有两个重要的基础实验,一个是单向拉伸实验,另一个是静水压力实验。这两个实验结果是建立塑性力学理论的基础。

1.4.1 金属多晶材料单轴拉伸(压缩)实验

金属多晶材料单轴拉伸(压缩)实验是认识和研究塑性变形规律的最经典的实验。试件如图 1-1 所示。

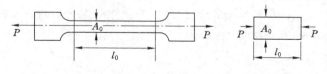

图 1-1

在轴力 P 的作用下,试件的长度由初始值 l_0 变为 l,横截面积由初始值 A_0 变为 A。定义名义应力 $\sigma = P/A_0$ 和名义应变 $\varepsilon = (l-l_0)/l_0$。材料的拉伸实验曲线有图 1-2 两种形态。

随着轴力 P 的缓慢增加,应力和应变之间通常是成比例的。在达到比例极限之后,曲线开始向下弯曲,直到弹性极限。在弹性极限以前,如果卸去载荷,则应变也沿原有曲线下降到零。在应力超过弹性极限后,虽然完全卸去了载荷,应力为零,但应变仍不为零,残余的这部分应变称为塑性应变 ε^p,达到弹性极限的应力记为 σ_s。

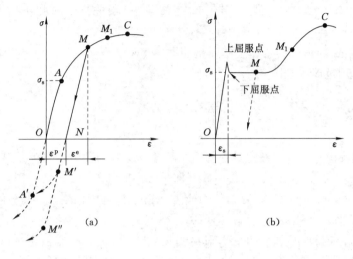

图 1-2

图 1-2(b) 是关于低碳钢和某些铝合金的拉伸曲线。这时在弹性极限以后有一个屈服阶段,即当应力达到某个值(称为屈服应力)时,应力保持不变,应变仍然有很大的增长。如果 ε_s 对应于刚达到弹性极限时的应变,则屈服阶段末的应变可以达到 ε_s 的十多倍。由于一般材料的比例极限、弹性极限和屈服应力相差不大,通常在工程上可不加区分,我们以后将用 σ_s 表示之,统称为屈服应力。

如果在产生了不太大的塑性应变之后卸载,则如图 1-2(a) 中的 MN 线那样,应力与应变之间基本上是线性关系,其斜率与最初加载时的斜率相同,这表明在产生塑性变形后,材料内部的晶格结构并没有发生本质的变化。如果从卸载后的 N 点重新加载,则开始时应力应变之间仍按原始的比例作线性变化,而在 M 点附近才急剧地弯曲产生新的塑性变形。以后的曲线将沿 OAM 的延长线延伸,这就好像把初始的屈服应力从 σ_s 提高到 M 点所对应的应力 σ_M,这表明经过塑性变形,材料得到了强化,因此,这种现象称为应变强化或应变硬化。

如果材料从 M 点卸载并进行反向加载,则对单晶体材料而言,其压缩时的屈服应力也有相似的提高[图 1-2(a) 中的 M'' 点],即拉伸强化会引起单晶体材料压缩强化。然而,对多晶体材料来说,其压缩屈服应力(M' 点)一般要低于一开始就反向加载的屈服应力(A' 点),即拉伸强化会引起多晶体材料压缩弱化。这种由于拉伸时强化影响到压缩时弱化的现象称为包氏效应(bauschinger effect)。

由上述实验现象可以归纳出以下两点:

(1) 在材料的弹塑性变形中,应力应变之间已不再具有单一的对应关系。由于加载路径的不同,同一个应力可以对应于不同的应变,例如在图 1-2 中零应力可以对应于零应变即 O 点,也可以对应于非零的应变 N 点。反之,同一个应变也可以对应于不同的应力。应力与应变之间的关系依赖于加载路径。这就使得应力与应变两者之间不能建立直接的函数关系。人们通常是通过引入一组称之为内变量的宏观变量来刻画加载路径(历史)。作为最简单和常用的情况,可以取塑性应变 ε^p 本身作为内变量,这样就可以建立起应力、应变和内变量之间的函数关系

$$\varepsilon = \sigma/E + \varepsilon^p \tag{1-1}$$

其中,E 为弹性模量。上式表明,通过引入表明加载历史的内变量 ε^p,可以建立起应力应变之间的关系。

(2) 当处于塑性阶段加载状态的时候,内变量 ε^p 不断(增长)变化,这时,应力与应变之间不是线性关系,当材料处于卸载状态时,内变量 ε^p 作为常量,不随载荷变化,这时应力与应变之间才是线性关系式。因此,加载与卸载应力与应变之间有不同的规律,明确加卸载准则至关重要。是加载还是卸载,在简单应力状态时没有问题,但当材料处于复杂应力状态时,何为加载何为卸载,即加卸载准则就十分必要了,后面讨论复杂应力问题时,我们再研究。

1.4.2　静水压力(应力)实验

布里奇曼(P. W. Bridgman)进行不同金属材料在静水压力(各向均压)作用下的实验,即著名的 Bridgman 实验。Bridgman 通过大量的高压试验,发现以下结论:

(1) 静水压力与材料体积的改变近似地符合线性弹性规律。若卸除压力,材料体积可以恢复,没有残余的体积变形。因此,可以认为各向均压下,体积变化是弹性的,静水应力状态不产生塑性变形而只产生弹性的体积变化。对于一般的应力状态,密实的金属材料,当发生较大的变形时,可以忽略弹性体积变化,而认为材料塑性变形本身不产生体积改变。这一假设在建立金属材料的塑性本构关系时非常重要。

(2) 静水压力与材料屈服极限 σ_s 无关。Bridgman 用不同的金属材料试样作出不同静水压力下轴向拉伸时的应力应变曲线,如图 1-3 所示。

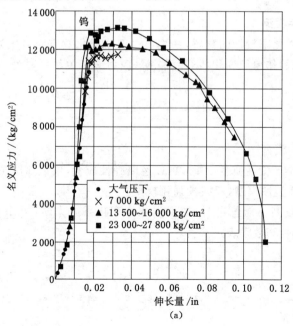

图 1-3　不同静水压力下的拉伸曲线

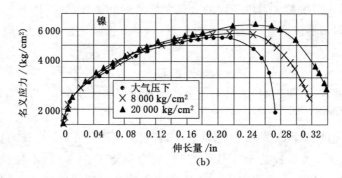

续图 1-3 不同静水压力下的拉伸曲线

比较发现,在静水压力增加时,材料屈服极限变化不大,塑性强化效应变化也不大。对多数金属而言,这个结论是比较符合的。但对于软金属、矿物和岩土等材料,静水压力对屈服极限的影响比较明显,这一假设需要放弃。

另外温度和应变速率也会影响材料性质。对温度而言,当温度升高时,材料的屈服应力通常将会降低而塑性变形能力则有所提高。在高温下,还需要考虑蠕变、松弛等黏性效应。对于应变速率而言,在高速变形如冲击、爆炸等场合,屈服应力会有所提高,但材料的塑性变形能力会有所下降。但如果变形速率不是很高的条件下,我们可以不考虑这一因素。

1.5　应力应变关系的简化模型

将实际的材料拉伸(压缩)实验曲线用于计算往往很不方便。我们常常根据不同的材料和问题进行简化,从而得到基本能反映该材料的力学性质而又能方便进行数学计算的简化模型。最常见的模型有以下几种:

(1) 理想弹塑性模型

对于低碳钢等强化率较低的材料,往往可以忽略强化效应而简化为如图 1-4(a) 所示的模型。当应力从零开始作单调变化(不卸载)时,应力应变关系可写为

$$\sigma = \begin{cases} E\varepsilon & \text{当} |\varepsilon| \leqslant \varepsilon_s \\ \sigma_s & \text{当} \varepsilon > \varepsilon_s \\ -\sigma_s & \text{当} \varepsilon < -\varepsilon_s \end{cases} \tag{1-2}$$

(2) 理想刚塑性模型

当弹性应变远小于塑性应变 ε^p 时,可以忽略弹性应变,模型如图 1-4(b) 所示。

(3) 线性强化弹塑性模型(双线性强化模型)

当材料强化率较高不能忽略时,如果强化率变化不太大时,可用一直线来近似强化阶段,如图 1-4(c) 所示。其数学表达式为

$$\sigma = \begin{cases} E\varepsilon & \text{当} |\varepsilon| \leqslant \varepsilon_s \\ \sigma_s + E'(\varepsilon - \varepsilon_s) & \text{当} \varepsilon > \varepsilon_s \\ -\sigma_s + E'(\varepsilon + \varepsilon_s) & \text{当} \varepsilon < -\varepsilon_s \end{cases} \tag{1-3}$$

其中 E' 称为强化模量。

(4) 线性强化刚塑性模型

若塑性变形较大,可以略去弹性变形部分,上述模型变为线性强化刚塑性模型,如图 1-4(d) 所示。

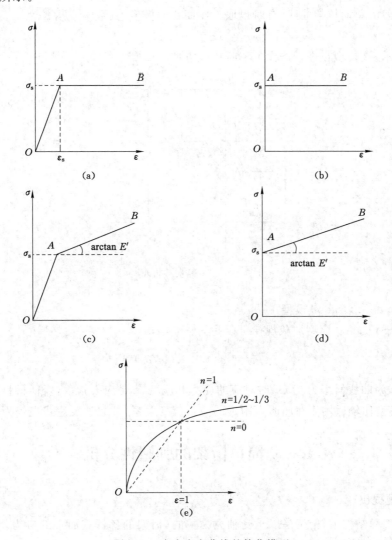

图 1-4 应力应变曲线的简化模型

(a) 理想弹塑性模型;(b) 理想刚塑性模型;

(c) 线性强化弹塑性模型;(d) 线性强化刚塑性模型;(e) 幂次强化模型

(5) 幂次强化模型

上述简化模型中,弹性阶段和塑性阶段的应力应变关系必须分段用不同的数学表达式来表示,使用时不太方便。有时为了便于计算,可用幂次函数近似地描述应力应变曲线,称为幂次强化模型,如图 1-4(e) 所示。其数学表达式为

$$\sigma = A\varepsilon^n \tag{1-4}$$

式中 $A > 0, 0 \leqslant n \leqslant 1$,两参数为材料的特性常数,当 $n = 0$ 时为理想刚塑性模型,当 $n = 1$ 时为线性模型,当 n 取其他值时,没有明显的线性阶段,通常用于变形较大的情况。这种模型在 $\varepsilon = 0$ 时,斜率为无穷大,近似性较差,但该模型由于是单一函数形式,在数学上比较容易

处理。

（6）一般加载规律

对于一般的单向拉伸曲线,有时也取不作简化的模型,其数学表达式为

$$\sigma = E\varepsilon[1 - \omega(\varepsilon)] \tag{1-5}$$

如图 1-5 所示。该模型在进行迭代求解时比较方便。

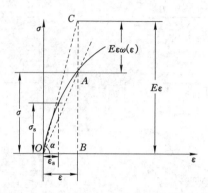

图 1-5　一般加载模型

（7）Ramberg-Osgood 模型

Ramberg-Osgood 模型加载规律可以写为

$$\varepsilon/\varepsilon_0 = \sigma/\sigma_0 + \frac{3}{7}(\sigma/\sigma_0)^n \tag{1-6}$$

其中 σ_0 和 ε_0 为曲线斜率为 $0.7E$ 时对应的应力和应变, n 是应力指数,表征材料屈服后的强化行为。该模型比较适用于在屈服点附近的应力应变关系,其数学表达式也较为简单。

1.6　简单桁架的弹塑性分析

1.6.1　问题提出

在土木工程结构中,桁架是以承受轴力为主的,桁架的各杆截面上的应力均匀分布,可充分利用材料。与梁相比,桁架用料更省,并能跨越更大的跨度。

本节将对一个一次超静定三杆桁架(图 1-6)进行弹塑性分析,通过这个简单的例子来说明塑性力学的一些重要特性。

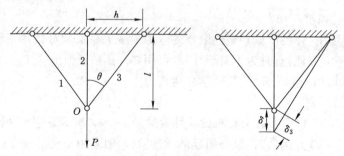

图 1-6　三杆对称桁架

在图 1-6 中,三杆的横截面积均为 A,中间第二根杆的长度为 l,它与相邻两杆的夹角均为 θ,在 O 点作用有向下的力 P,若用 N_1、N_2 和 N_3 分别表示杆 1、杆 2 和杆 3 的轴力,则平衡方程为

$$\left.\begin{aligned} N_1 &= N_3 \\ N_1\cos\theta + N_2 + N_3\cos\theta &= P \end{aligned}\right\} \tag{1-7}$$

若用 σ_1、σ_2 和 σ_3 分别表示杆 1、杆 2 和杆 3 的应力,则

$$\left.\begin{aligned} \sigma_1 &= \sigma_3 \\ 2\sigma_1\cos\theta + \sigma_2 &= P/A \end{aligned}\right\} \tag{1-8}$$

若用 δ_1、δ_2 和 δ_3 分别表示杆 1、杆 2 和杆 3 的伸长,则在小变形情况下:$\delta_1 = \delta_3 = \delta_2\cos\theta$,令 $\delta_2 = \delta$,则有 $\delta_1 = \delta_3 = \delta\cos\theta$,$\delta$ 表示节点 O 的竖向位移。

若用 ε_1、ε_2 和 ε_3 分别表示杆 1、杆 2 和杆 3 的应变,几何方程如下

$$\left.\begin{aligned} \varepsilon_1 &= \varepsilon_3 = \frac{\delta_1}{l_1} = \frac{\delta}{l}\cos^2\theta \\ \varepsilon_2 &= \frac{\delta}{l} \end{aligned}\right\} \tag{1-9}$$

进一步,可以消去节点位移 δ,得到三杆桁架的变形协调方程

$$\varepsilon_1 = \varepsilon_3 = \varepsilon_2\cos^2\theta \tag{1-10}$$

值得注意的是,前面得到的平衡方程(1-8)、几何方程(1-9)、协调方程(1-10)无论桁架处于弹性阶段还是塑性阶段,这三个关系总是成立的。然而,我们现在独立的方程数有 4 个,但未知量有 3 个应力、3 个应变和 1 个位移共 7 个,还需要补充本构关系才能得到问题的解答。这需要分弹性阶段和塑性阶段来分别计算。

1.6.2　弹性阶段

当载荷 P 足够小时,桁架三杆都处于弹性状态,各杆的应力应变关系服从 Hooke 定律,有

$$\sigma_1 = E\varepsilon_1, \ \sigma_2 = E\varepsilon_2, \ \sigma_3 = E\varepsilon_3 \tag{1-11}$$

联立式(1-8)、(1-10) 和(1-11),求解得

$$\left.\begin{aligned} \sigma_1 &= \sigma_3 = \frac{P}{A}\frac{\cos^2\theta}{1+2\cos^3\theta} \\ \sigma_2 &= \frac{P}{A}\frac{1}{1+2\cos^3\theta} \end{aligned}\right\} \tag{1-12}$$

显然 $\sigma_2 > \sigma_1 = \sigma_3$,当 P 增加时,杆 2 将首先屈服。杆 2 的屈服条件为 $\sigma_2 = \sigma_s$,因此求得桁架的初始弹性极限载荷 P_e 为

$$P_e = \sigma_s A(1+2\cos^3\theta) \tag{1-13}$$

它是该桁架在弹性范围内所能承受的最大载荷。

利用 P_e,式(1-12) 可以写为

$$\left.\begin{aligned} \sigma_1 &= \sigma_3 = \frac{P}{P_e}\sigma_s\cos^2\theta \\ \sigma_2 &= \frac{P}{P_e}\sigma_s \end{aligned}\right\} \tag{1-14}$$

由 Hooke 定律,可以得到相应的应变

$$\left. \begin{array}{l} \varepsilon_1 = \varepsilon_3 = \dfrac{1}{E} \dfrac{P}{P_e} \sigma_s \cos^2\theta \\[3mm] \varepsilon_2 = \dfrac{1}{E} \dfrac{P}{P_e} \sigma_s \end{array} \right\} \tag{1-15}$$

节点 O 的位移也可以得出

$$\delta = \varepsilon_2 l = \frac{\sigma_2}{E} l = \frac{\sigma_s}{E} \frac{P}{P_e} l \tag{1-16}$$

令 $P = P_e$，可以得到桁架初始屈服时的节点 O 的位移 δ_e

$$\delta_e = \frac{\sigma_s}{E} l \tag{1-17}$$

δ_e 称为弹性极限位移。由式(1-16)和(1-17)可得载荷与位移的关系

$$\frac{P}{P_e} = \frac{\delta}{\delta_e} \tag{1-18}$$

可见在弹性阶段，载荷与位移是线性关系，在无量纲意义下，载荷就等于位移。

1.6.3 弹塑性阶段

当 $P = P_e$ 时，杆 2 开始发生屈服，由于其他两杆尚未屈服，载荷 P 可以继续增加，此时桁架进入弹塑性变形阶段。假定材料是理想弹塑性的，所以杆 2 的应力不能提高了，即恒有

$$\sigma_2 = \sigma_s \tag{1-19}$$

此时，单由平衡方程(1-8)和屈服条件(1-19)即可求出所有的 3 杆应力

$$\sigma_1 = \sigma_3 = \frac{P - \sigma_s A}{2A \cos\theta} \tag{1-20}$$

因此，进入弹塑性阶段后，原来超静定的三杆桁架系统变成了"静定系统"。

下面来分析桁架的变形。杆 2 已经屈服，处于塑性流动阶段，然而，由于受到其他 2 根弹性杆的约束而不能任意伸长，这种情况称为"约束塑性变形阶段"。由于杆 1 和杆 3 处于弹性阶段，由式(1-20)可得

$$\varepsilon_1 = \varepsilon_3 = \frac{P - \sigma_s A}{2EA \cos\theta} \tag{1-21}$$

杆 2 的应变可以由变形协调方程(1-10)及(1-21)得到

$$\varepsilon_2 = \frac{\varepsilon_1}{\cos^2\theta} = \frac{P - \sigma_s A}{2EA \cos^3\theta} \tag{1-22}$$

将它代入式(1-9)，可以得到杆 2 的伸长即节点 O 的位移

$$\delta = \frac{P - \sigma_s A}{2EA \cos^3\theta} l \tag{1-23}$$

此时，也可以将上式无量纲化为

$$\frac{\delta}{\delta_e} = \frac{P}{P_e} (1 + \frac{1}{2\cos^3\theta}) - \frac{1}{2\cos^3\theta} \tag{1-24}$$

可见载荷与变形之间仍然是线性关系，但与弹性阶段关系(1-18)相比，斜率不同。

随着载荷进一步增加，杆 2 的应力已不能增加，所以载荷增量均由杆 1 和杆 3 承担，这 2 根杆中的应力增加较快，变形也较大。当 $\sigma_1 = \sigma_3 = \sigma_s$ 时，3 根杆全部进入塑性流动阶段，此时的载荷记为 P_s，式(1-20)可得

$$P_s = \sigma_s A (1 + 2\cos\theta) \tag{1-25}$$

式中，P_s 称为塑性极限载荷，相应的状态称为塑性极限状态。

由于此时 3 根杆都已屈服,变形不再受弹性约束,桁架进入无限制塑性变形阶段,结构丧失进一步承载能力,所以,P_s 又被称为桁架的极限承载力。从式(1-25)可以发现,P_s 与弹性模量 E 无关,这表明,如果理想刚塑性模型,求出的 P_s 也一样。这暗示我们在进行结构的极限载荷分析时,可以采用理想刚塑性模型,这将给我们带来极大的方便。

将式(1-25)代入式(1-23)可得到桁架刚刚进入塑性极限状态时节点 O 的位移 δ_s 为

$$\delta_s = \frac{\sigma_s l}{E\cos^2\theta} = \frac{\varepsilon_s l}{\cos^2\theta} \tag{1-26}$$

式中,δ_s 称为塑性极限位移。

比较弹性极限和塑性极限的载荷和位移,可得

$$\left.\begin{aligned}\frac{P_s}{P_e} &= \frac{1+2\cos\theta}{1+2\cos^3\theta}\\\frac{\delta_s}{\delta_e} &= \frac{1}{\cos^2\theta}\end{aligned}\right\} \tag{1-27}$$

特别地,当 $\theta = 45°$ 时,$P_s/P_e \approx 1.41$,$\delta_s/\delta_e = 2$。这表明,桁架塑性极限载荷比弹性极限载荷要大,而塑性极限变形与弹性极限变形同量级。

1.6.4 卸载

弹性力学里,由于受力与变形之间总是一一对应的,最终的受力将决定变形,与过程无关,因此不需要考虑卸载的情况。而塑性力学的基本特征是变形不仅与受力有关,还与受力的过程(路径)有关。因此,卸载就成了必须要考虑的问题。

若载荷增加到 P^*($P_e \leqslant P^* < P_s$)后卸载,分成两个阶段来分析。

(1) 设载荷加载到 P^* 时,各杆的应力记为 σ_1^*,σ_2^*,σ_3^*,可由式(1-19)式(1-20)得到

$$\left.\begin{aligned}\sigma_1^* = \sigma_3^* &= \frac{P^*-\sigma_s A}{2A\cos\theta}\\\sigma_2^* &= \sigma_s\end{aligned}\right\} \tag{1-28}$$

各杆的应变记为 ε_1^*,ε_2^*,ε_3^*,可由式(1-21)和式(1-22)得到

$$\left.\begin{aligned}\varepsilon_1^* = \varepsilon_3^* &= \frac{P^*-\sigma_s A}{2EA\cos\theta}\\\varepsilon_2^* &= \frac{P^*-\sigma_s A}{2EA\cos^3\theta}\end{aligned}\right\} \tag{1-29}$$

O 点的位移记为 δ^*,可由式(1-23)得到

$$\delta^* = \frac{P^*-\sigma_s A}{2EA\cos^3\theta}l \tag{1-30}$$

(2) 卸载时,显然 3 个杆都处于弹性状态,只要在卸载过程中不发生反向屈服,卸载过程引起的变化量就可以参照前面弹性分析的公式计算。为此,我们设想卸载的过程等价于在节点 O 处施加一个大小与卸载时的载荷改变量相等的反向载荷 $\Delta P < 0$,对应于 ΔP,结构会依弹性规律产生出相应的应力、变形和位移的变化量,由式(1-14)、式(1-15)和式(1-16)有

$$\left.\begin{aligned}\Delta\sigma_1 = \Delta\sigma_3 &= \frac{\Delta P}{P_e}\sigma_s\cos^2\theta, \quad \Delta\sigma_2 = \frac{\Delta P}{P_e}\sigma_s\\\Delta\varepsilon_1 = \Delta\varepsilon_3 &= \frac{1}{E}\frac{\Delta P}{P_e}\sigma_s\cos^2\theta, \quad \Delta\varepsilon_2 = \frac{1}{E}\frac{\Delta P}{P_e}\sigma_s\\\Delta\delta = \Delta\varepsilon_2 l &= \frac{\Delta P}{P_e}\delta_e\end{aligned}\right\} \tag{1-31}$$

若将 P^* 全部卸除，即 $\Delta P = -P^*$，则各杆的残余应力、残余应变和残余位移可分别表示为

$$
\left.\begin{aligned}
\sigma_1^0 = \sigma_3^0 = \sigma_1^* + \Delta\sigma_1 = \left(\frac{P^*}{P_e} - 1\right)\frac{\sigma_s}{2\cos\theta} > 0 \\
\sigma_2^0 = \sigma_s + \Delta\sigma_2 = -\left(\frac{P^*}{P_e} - 1\right)\sigma_s < 0
\end{aligned}\right\}
\tag{1-32}
$$

杆 1 和杆 3 从来就没有屈服过，因此残余应变可由残余应力用 Hooke 定律得到，而杆 2 的残余应变可以根据变形协调方程(1-10)由杆 1 的残余应变而得到

$$
\left.\begin{aligned}
\varepsilon_1^0 = \varepsilon_3^0 = \sigma_1^0/E > 0 \\
\varepsilon_2^0 = \varepsilon_1^0/\cos^2\theta > 0
\end{aligned}\right\}
\tag{1-33}
$$

O 点的残余位移可由杆 2 的残余应变求出

$$
\delta^0 = \varepsilon_2^0 l > 0
\tag{1-34}
$$

由上述计算我们可以发现，杆 1 和杆 3 的残余应力为拉应力，杆 2 的残余应力为压应力，然而各杆的残余应变均大于零，处于拉长状态。

需要指出，当卸除载荷后，残余应变不等于塑性应变，残余应变中还包含有弹性应变。事实上，只有残余应力为零时，残余应变才等于塑性应变。所以，一般静定结构，残余应变才等于塑性应变。

1.6.5　重复加载

若卸载后重新加载，显然载荷直到 P^* 以前，结构处于完全弹性状态，这意味着结构的弹性范围扩大了，事实上，杆 2 的应力不是从零开始的，而是从受压的负应力开始的，这使得杆 2 的再屈服需要更大的外载。如果以后的载荷均不大于 P^*，那么结构将处于弹性状态，不会有再屈服，这种状态称为安定状态。

1.6.6　强化效应的影响

前面对三杆桁架的讨论是基于理想弹塑性材料展开的。现考虑材料强化效应，材料的加载曲线为

$$
\sigma = \begin{cases}
E\varepsilon & \text{当 } \varepsilon \leqslant \varepsilon_s \\
\sigma_s + E_1(\varepsilon - \varepsilon_s) & \text{当 } \varepsilon > \varepsilon_s
\end{cases}
$$

式中 $\varepsilon_s = \sigma_s/E$。

当 $P \leqslant P_e$ 时，3 杆均处于弹性状态，所以各杆的应力分布、应变分布和节点位移与理想弹塑性无异，仍由式(1-14)、式(1-15)和式(1-16)表示。

当 $P > P_e$ 时，杆 2 首先进入强化阶段，此时有

$$
\sigma_1 = \sigma_3 = E\varepsilon_1, \quad \sigma_2 = \sigma_s + E_1(\varepsilon_2 - \varepsilon_s)
\tag{1-35}
$$

将本构方程(1-35)与平衡方程(1-8)、变形协调方程(1-10)联立得

$$
\left.\begin{aligned}
\sigma_1 = \sigma_3 = \frac{\left[\dfrac{P}{A} - \sigma_s\left(1 - \dfrac{E_1}{E}\right)\right]\cos^2\theta}{\dfrac{E_1}{E} + 2\cos^3\theta} \\[4mm]
\sigma_2 = \frac{\left[\dfrac{E_1}{E}\dfrac{P}{A} + 2\sigma_s\left(1 - \dfrac{E_1}{E}\right)\right]\cos^3\theta}{\dfrac{E_1}{E} + 2\cos^3\theta}
\end{aligned}\right\}
\tag{1-36}
$$

随着载荷 P 的进一步增加，杆 1 和杆 3 的应力也增大。当 $\sigma_1 = \sigma_3 = \sigma_s$ 时，3 杆都屈服了，此时的载荷称为塑性极限载荷，记为 P_1。由式(1-36)可得

$$P_1 = \sigma_s A \left[1 + 2\cos\theta + \frac{E_1}{E}\left(\frac{1}{\cos^2\theta} - 1\right) \right] \tag{1-37}$$

若取 $E_1/E = 0.1$，$\theta = 45°$，$P_1 = 1.041 P_s$。可见，与理想弹塑性模型相比，相差不大。这说明用理想弹塑性模型对强化材料仕进行强度分析时可以得到较好的近似，而计算却有很大的简化。

当 $P > P_1$ 时，3 杆均进入强化阶段，由于强化效应，结构不会进入塑性流动状态，仍能继续承载。然而，此时的变形增长会较快，结构刚度大大下降。此时结构的承载能力可能取决于材料的极限强度，也可能取决于结构的稳定性或容许变形。

如图 1-7 所示，无论是弹性阶段、弹塑性阶段还是全塑性阶段，载荷与位移之间是线性关系。值得注意的是，对于理想材料而言，虽然材料本身不能强化，但从图中 AB 段可见，结构整体仍然可以强化。这可以帮助我们理解多晶体材料的强化机理，虽然晶体本身变形不能强化，可是材料是由许许多多的晶体以不同的角度随机排列的，材料宏观上却表现出强化特性。

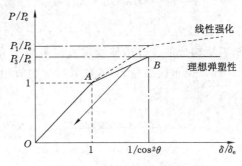

图 1-7　三杆桁架的载荷 - 位移关系曲线

习　　题

1.1　已知简单拉伸时的应力应变曲线 $\sigma = f_1(\varepsilon)$ 如图所示，并可用下式表示

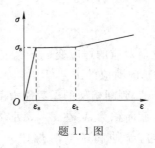

题 1.1 图

$$\sigma = f_1(\varepsilon) = \begin{cases} E\varepsilon & \text{当 } 0 \leqslant \varepsilon \leqslant \varepsilon_s \\ \sigma_s & \text{当 } \varepsilon_s \leqslant \varepsilon \leqslant \varepsilon_t \\ \sigma_s + E'(\varepsilon - \varepsilon_t) & \text{当 } \varepsilon_t \leqslant \varepsilon \end{cases}$$

问当采用刚塑性模型时,略去 ε^{e},取 $\varepsilon = \varepsilon^{p}$,应力应变曲线变成 $\sigma = f_2(\varepsilon^{p}) = f_2(\varepsilon)$ 形式,试给出 $f_2(\varepsilon)$ 表达式。

1.2　为了使幂次强化应力应变曲线在 $\varepsilon \leqslant \varepsilon_s$ 时能满足 Hooke 定律,建议采用以下应力应变曲线

$$\sigma = \begin{cases} E\varepsilon & 当\ 0 \leqslant \varepsilon \leqslant \varepsilon_s \\ B(\varepsilon - \varepsilon_0)^m & 当\ \varepsilon_s \leqslant \varepsilon \end{cases}$$

(1) 为保证 σ 及 $d\sigma/d\varepsilon$ 在 $\varepsilon = \varepsilon_s$ 处连续,试确定 B, ε_0 值。

(2) 如将该曲线表示成 $\sigma = E\varepsilon[1 - \omega(\varepsilon)]$ 形式,试给出 $\omega(\varepsilon)$ 的表达式。

1.3　设材料在单向拉伸时的 $\sigma = f_1(\varepsilon)$ 曲线由题 1.1 的公式给出。对于等向强化模型取 $|\sigma| = \varphi(\zeta)$ 形式,这里取

$$\zeta = W^{p} = \int_0^{\varepsilon^{p}} \sigma d\varepsilon^{p}$$

即以塑性功作为刻画塑性变形历史的参数,试导出 $\varphi(\zeta)$ 的表达式。

1.4　对于线性随动强化模型,屈服时的应力与塑性应变之间满足关系

$$|\sigma - h\varepsilon^{p}| = \sigma_s, \quad h = \frac{EE'}{E - E'}$$

若设 $E' = E/100$,并给出应力路径为 $0 \rightarrow 1.5\sigma_s \rightarrow 0 \rightarrow -\sigma_s \rightarrow 0$,试求对应的应变值。

1.5　由理想弹塑性材料所构成的二杆桁架受垂直向下力 P 的作用如图所示。在加载前杆长为 l_0,杆截面积为 A_0,杆与铅垂线夹角为 θ_0,加载后这些值相应地用 l, A, θ 表示。杆的材料假定是不可压缩的。

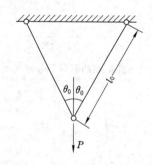

题 1.5 图

(1) 夹角 θ 随 P 而变,试导出 $P = P(\theta)$ 表达式。

(2) 当 P 达到最大值时,求这时对应的杆应变 $\varepsilon = \varepsilon_m$ 值。

(3) 当杆出现拉伸失稳时,求这时对应的 $P = P_c$ 值。

(4) 根据 ε_m 及拉伸失稳时 ε_c 值,判断桁架的承载能力由什么来确定?

1.6　如图所示的等截面杆,截面积为 A。在 $x = a$ 处 $(b > a)$ 作用一逐渐增加的力 P。该杆的材料是线性强化弹塑性的,拉伸和压缩时规律一样,求左端反力 N_1 与力 P 的关系。

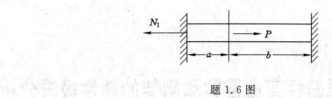

题 1.6 图

1.7　如图所示的三杆桁架,杆的材料是理想弹塑性的,并有同样的截面积 A。杆 1 和杆 3 与铅垂线的夹角分别为 θ_1 和 θ_2,桁架受外载 $P \geqslant 0$ 和 $Q \geqslant 0$ 作用。求桁架在达到塑性极限状态时由 P 和 Q 表示的极限载荷曲线。分别对 $\theta_1 = 30°, \theta_2 = 60°$ 及 $\theta_1 = 60°, \theta_2 = 30°$ 两种情形进行讨论。

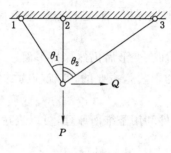

题 1.7 图

1.8　对题 1.7 所示桁架,取 $\theta_1 = \theta_2 = 60°$,杆的材料是理想弹塑性的,加载时保持 $P = Q$ 并从零开始增加,求三杆内力 N_1, N_2, N_3 随 P 变化的规律。

第2章　梁的弹塑性弯曲及梁和刚架的塑性极限分析

2.1　矩形截面梁的弹塑性纯弯曲

本章将对梁和刚架进行弹塑性分析。假定材料是理想弹塑性的,仍然采用材料力学关于梁的两个假定:

(1) 平截面假定:梁的横截面在变形后仍然保持平面。

(2) 截面上正应力对变形的影响是主要的,其他应力的影响可以忽略。这一假定使问题变成简单应力状态的问题。

如图 2-1 所示,端部边界条件利用圣维南原理,可以表达为静力等效的形式

$$\left.\begin{array}{l} b\displaystyle\int_{-\frac{h}{2}}^{\frac{h}{2}} \sigma \mathrm{d}y = 0 \\[3mm] b\displaystyle\int_{-\frac{h}{2}}^{\frac{h}{2}} \sigma y \,\mathrm{d}y = M \end{array}\right\} \tag{2-1}$$

由平截面假定,有

$$\varepsilon = Ky \tag{2-2}$$

式中,K 为梁的曲率。

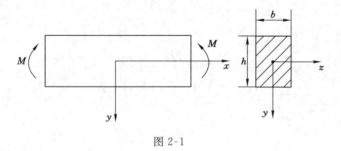

图 2-1

2.1.1　弹性阶段

开始弯矩不太大,梁处在弹性状态时,由 Hooke 定律,截面上的应力为

$$\sigma = E\varepsilon = EKy \tag{2-3}$$

代入端部边界条件可得

$$M = 2bEK\int_{0}^{\frac{h}{2}} y^2 \,\mathrm{d}y = EJK \tag{2-4}$$

其中

$$J = 2b \int_0^{\frac{h}{2}} y^2 \mathrm{d}y = \frac{1}{12}bh^3$$

就是截面的惯性矩。

由式(2-3)、式(2-4)可以得到

$$\sigma = \frac{M}{J}y \tag{2-5}$$

由此式可以看出,在梁的最上层和最下层,应力的绝对值最大,故开始屈服对应的弹性极限弯矩为

$$M_{\mathrm{e}} = \frac{bh^2}{6}\sigma_{\mathrm{s}} \tag{2-6}$$

弹性极限曲率可由式(2-4)求出

$$K_{\mathrm{e}} = \frac{2\sigma_{\mathrm{s}}}{Eh} \tag{2-7}$$

于是式(2-4)可以写成无量纲的形式

$$M/M_{\mathrm{e}} = K/K_{\mathrm{e}} \tag{2-8}$$

2.1.2　弹塑性阶段

现考虑 $M > M_{\mathrm{e}}$ 的情形。随着 M 的增长,塑性区将从梁的外层向内逐渐扩大,如图 2-2 所示。

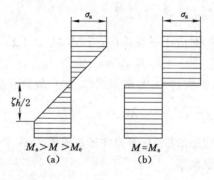

图 2-2

弹塑性交界处的 $y = y_0 = \zeta h/2$,其中 $0 \leqslant \zeta \leqslant 1$ 表示弹性内核的大小。此时截面上的应力分布为

$$\sigma = \begin{cases} EKy & \text{当 } |y| \leqslant y_0 \\ \sigma_{\mathrm{s}} & \text{当 } y_0 \leqslant y \leqslant h/2 \\ -\sigma_{\mathrm{s}} & \text{当 } -y_0 \geqslant y \geqslant -h/2 \end{cases} \tag{2-9}$$

此时截面上的弯矩为

$$M(y_0) = 2b \left[\int_0^{y_0} y\left(\frac{y}{y_0}\right)\sigma_{\mathrm{s}}\mathrm{d}y + \int_{y_0}^{\frac{h}{2}} y\sigma_{\mathrm{s}}\mathrm{d}y \right]$$

或

$$|M(\zeta)| = \frac{M_{\mathrm{e}}}{2}(3 - \zeta^2) \tag{2-10}$$

对应于 $y = y_0 = \zeta h/2$ 处,为弹塑性交界,$\sigma = \sigma_{\mathrm{s}}$,由式(2-3)可知此时的曲率为

$$K = \frac{\sigma_s}{E y_0} = \frac{\sigma_s}{E h/2} \frac{1}{\zeta}$$

由式(2-7)有

$$K = K_e / \zeta \tag{2-11}$$

式(2-10)可以写为

$$\left| \frac{M}{M_e} \right| = \frac{1}{2} \left[3 - \left(\frac{K_e}{K} \right)^2 \right] \tag{2-12}$$

上式表示的是,在弹塑性情况下的受力(弯矩)与变形(曲率)的关系,弹性时的规律见式(2-8),可以将弹性和弹塑性规律表示为图 2-3。

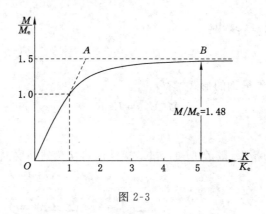

图 2-3

图中最初阶段是线性的,对应于弹性阶段,当 $M/M_e \geqslant 1$ 后,进入弹塑性弯曲阶段,此时是非线性的。

随着 M 的增加,塑性区扩大,$\zeta \to 0$,根据式(2-10),最后有塑性极限弯矩

$$M_s = \frac{3 M_e}{2} \tag{2-13}$$

这时,梁丧失了进一步承受弯矩的能力。而弹性区也收缩为零。在 $y = \pm 0$ 处,正应力从 $+\sigma_s$ 跳到 $-\sigma_s$,出现了正应力的强间断。

由图 2-3 可以看出,当 $K = 5K_e$,$M = 1.48 M_e$,这说明变形限制在弹性变形的量级时,材料的塑性变形能使梁的抗弯能力得到提高。对于矩形截面梁,由式(2-13)知,$M_s/M_e = 1.5$,不同形状的截面,M_s/M_e 的比值也不相同。例如,对圆形截面有 $M_s/M_e = \frac{16}{3\pi} \approx 1.7$;对于薄圆管 $M_s/M_e \approx 1.27$;对于工字钢 $M_s/M_e \approx 1.07$。

对于图 2-3 的非线性关系,实际计算不太方便,有时简化为折线 OAB 来近似。

2.1.3 卸载时的残余应力与残余曲率

设梁起初加载超过弹性极限,即 $M^* > M_e > 0$,此时的曲率可由式(2-12)算出

$$K^* / K_e = \frac{1}{\sqrt{3 - 2 M^* / M_e}} \tag{2-14}$$

在卸载时,梁是弹性响应,$M \sim K$ 之间服从弹性规律。因此弯矩的改变量 $\Delta M (< 0)$ 与曲率的改变量 ΔK 的关系由式(2-8)得

$$\Delta K / K_e = \Delta M / M_e \tag{2-15}$$

应力的改变量为

$$\Delta \sigma = \Delta K E y = \frac{\Delta M}{J} y \tag{2-16}$$

完全卸载，即 $\Delta M = -M^*$，假设整个卸载过程没有反向屈服发生（后面可以验证），则残余曲率 K^0 为式（2-14）与式（2-15）的叠加

$$K^0 / K_e = \frac{1}{\sqrt{3 - 2M^* / M_e}} - \frac{M^*}{M} \tag{2-17}$$

残余应力 σ^0 可由加载时的弹塑性应力分布式（2-9）与卸载引起的弹性应力改变式（2-16）叠加得到

$$\sigma^0 = \begin{cases} EK^* y - \dfrac{M^*}{J} y & \text{当} |y| \leqslant \zeta^* h / 2 \\[2mm] \sigma_s - \dfrac{M^*}{J} y & \text{当} \zeta^* h / 2 \leqslant y \leqslant h / 2 \\[2mm] -\sigma_s - \dfrac{M^*}{J} y & \text{当} -\zeta^* h / 2 \geqslant y \geqslant -h / 2 \end{cases} \tag{2-18}$$

由上式可以作出残余应力分布图，如图 2-4 所示。

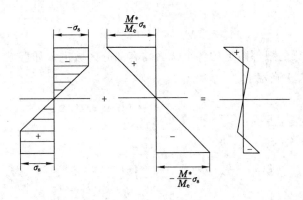

图 2-4

从图中可以看出，在梁的最外层残余应力最大且改变了符号。由于 $M^* \leqslant M_s = 1.5 M_e$，所以 $|\sigma_{\max}^0| \leqslant 0.5 \sigma_s$，故不会反向屈服。

2.2　横向载荷作用下梁的弹塑性分析

考虑图示的矩形截面悬臂梁，设材料为理想弹塑性，在端点受集中力 P 的作用。当梁的长度远大于其高度时，可忽略剪应力对变形的影响。

梁的弯矩分布可以由平衡方程求得

$$M(x) = -(L - x)P \tag{2-19}$$

显然梁的根部弯矩的绝对值最大，所以屈服首先会在根部发生，此时对应的外力称为弹性极限载荷 P_e。上式中，令 $M(x) = -M_e$，$x = 0$，得

$$P_e = \frac{M_e}{L} = \frac{bh^2}{6L} \sigma_s \tag{2-20}$$

此时,梁的根部最外层纤维开始屈服。当 $P > P_e$ 时,弯矩分布仍然是式(2-19),设开始进入屈服的截面在 $x = \xi$ 处(见图 2-5),则有

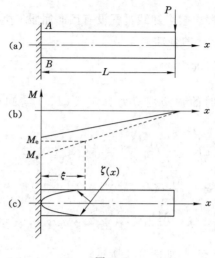

图 2-5

$$M_e = (L - \xi)P$$

位于 $0 \leqslant x \leqslant \xi$,即梁的根部附近的各个截面均有部分区域进入屈服状态,其弹塑性交界位置 $\zeta(x)$ 可由式(2-10)确定

$$\frac{P_e L}{2}(3 - \zeta^2) = (L - x)P$$

解出

$$\zeta(x) = \sqrt{3 - \frac{2P}{P_e}\left(1 - \frac{x}{L}\right)} \quad (0 \leqslant x \leqslant \xi) \tag{2-21}$$

在 $x = 0$ 处,有

$$\zeta(0) = \sqrt{3 - \frac{2P}{P_e}}$$

当 $\zeta(0) = 0$ 时,根部完全屈服,此时 $M(0) = M_s$,求得塑性极限载荷 P_s 为

$$P_s = \frac{3}{2}P_e \tag{2-22}$$

这时,梁的根部整个截面都进入塑性流动状态,从而丧失了进一步的承载能力,故 P_s 就是梁的极限载荷。与 P_s 相应的 ξ 值可由 $M_e = (L - \xi)P_s$ 求得 $\xi = L/3$。

如果梁的某个截面达到了塑性极限载荷,则相应的曲率可以任意增长,就好像一个铰一样,称为塑性铰。它与通常的铰有两点区别:

(1) 通常的铰不承受弯矩,而塑性铰保持有 $|M| = M_s$。

(2) 通常的铰两侧的梁段可在两个方向上相对转动,而塑性铰做反方向的转动对应于卸载,遵循弹性规律。

下面讨论梁的挠度计算。

当 $P \leqslant P_e$ 时,全梁都可以按弹性计算,各个截面曲率为

$$K/K_{\mathrm{e}} = M/M_{\mathrm{e}} = -(P/P_{\mathrm{e}})(L-x)/L$$

因为有

$$\frac{\mathrm{d}^2 w}{\mathrm{d}x^2} = -K = \left(1 - \frac{x}{L}\right)\frac{P}{P_{\mathrm{e}}}K_{\mathrm{e}}$$

端部边界条件 $w(0) = \dfrac{\mathrm{d}w(0)}{\mathrm{d}x} = 0$，积分可得

$$w(x) = \left(\frac{x^2}{2} - \frac{x^3}{6L}\right)\frac{P}{P_{\mathrm{e}}}K_{\mathrm{e}}$$

当 $P = P_{\mathrm{e}}$ 时，$x = L$ 处的挠度为

$$w(L) = \delta_{\mathrm{e}} = \frac{L^2}{3}K_{\mathrm{e}} \tag{2-23}$$

当 $P_{\mathrm{e}} < P \leqslant P_{\mathrm{s}}$ 时，弹塑性梁段 $0 \leqslant x \leqslant \xi$ 的曲率由式(2-11)确定，在弹性段 $\xi \leqslant x \leqslant L$，曲率由式(2-8)确定。我们讨论一种特殊的情况，$P = P_{\mathrm{s}}$，此时 $\xi = L/3$，式(2-21)化为

$$\zeta(x) = \sqrt{\frac{3x}{L}} \quad (0 \leqslant x \leqslant L/3)$$

在 $0 \leqslant x \leqslant L/3$ 区间有

$$\frac{\mathrm{d}^2 w_1}{\mathrm{d}x^2} = -K = -K_{\mathrm{e}}/\zeta = -\sqrt{\frac{L}{3x}}K_{\mathrm{e}}$$

积分可得

$$w_1 = \frac{4}{3\sqrt{3}}\sqrt{Lx^3}K_{\mathrm{e}} \quad \left(0 \leqslant x \leqslant \frac{L}{3}\right) \tag{2-24}$$

在 $L/3 \leqslant x \leqslant L$ 区间有

$$\frac{\mathrm{d}^2 w_2}{\mathrm{d}x^2} = -K = \frac{3}{2}\left(1 - \frac{x}{L}\right)K_{\mathrm{e}}$$

利用 $x = L/3$ 处的连续性条件，可得

$$w_2 = \frac{1}{4}\left[-\left(\frac{x}{L}\right)^3 + 3\left(\frac{x}{L}\right)^2 + \frac{x}{L} - \frac{1}{27}\right]L^2 K_{\mathrm{e}} \quad (L/3 < x < L) \tag{2-25}$$

其中自由端的挠度为

$$w_2(L) = \delta_{\mathrm{s}} = \frac{20}{27}L^2 K_{\mathrm{e}} = \frac{20}{9}\delta_{\mathrm{e}}$$

可见与弹性变形是同量级的。

2.3　强化材料矩形截面梁的弹塑性纯弯曲

对于强化材料，采用一般强化规律

$$\sigma = E\varepsilon\left[1 - \omega(\varepsilon)\right]$$

假定压缩与拉伸具有相同的规律，即

$$\omega(-\varepsilon) = \omega(\varepsilon)$$

则在纯弯曲单调加载条件下，弯矩可以写为

$$M = 2bE\left[\int_0^{h/2} y\varepsilon\,\mathrm{d}y - \int_0^{h/2} y\varepsilon\omega(\varepsilon)\,\mathrm{d}y\right] \tag{2-26}$$

因为只有在塑性区 $\zeta h/2 \leqslant y \leqslant h/2$ 时，ω 才不为零，引入变量替换 $\varepsilon = Ky$，假设 $K > 0$，上式可以写为

$$M = EJK - \frac{2bE}{K^2}\int_{\frac{\zeta h K}{2}}^{\frac{hK}{2}} \varepsilon^2\omega(\varepsilon)\,\mathrm{d}\varepsilon \tag{2-27}$$

由此可以得到 $M \sim K$ 的关系。

2.3.1　已知 K，求 M

如果已知 $K > 0$，根据式(2-11)，有

$$\zeta = K_e/K$$

这样，就可以由式(2-27)直接求出 M 值。例如，当材料为线性强化时，可求得

$$M = EJK - M_e\left(1 - \frac{E'}{E}\right)\left(\frac{1}{\zeta} - \frac{3}{2} + \frac{\zeta^2}{2}\right)$$

2.3.2　已知 M，求 K

仍然假设 $M > 0$，如果已知 M，需要用迭代法求出相应的 K 值。为此，利用变量替换 $\varepsilon = Ky$，式(2-27)可以写为

$$K = \frac{M}{EJ} + \frac{2b}{J}\int_0^{\frac{h}{2}} Ky^2\omega(Ky)\,\mathrm{d}y \tag{2-28}$$

注意到 $0 < \dfrac{\mathrm{d}\sigma}{\mathrm{d}\varepsilon} \leqslant E$，有 $0 \leqslant \dfrac{\mathrm{d}[\varepsilon\omega(\varepsilon)]}{\mathrm{d}\varepsilon} < 1$，令

$$\max \frac{\mathrm{d}[\varepsilon\omega(\varepsilon)]}{\mathrm{d}\varepsilon} = \beta_0 < 1$$

则对于任意两个曲率 K_1、K_2，由中值定理可得

$$|K_2 y\omega(K_2 y) - K_1 y\omega(K_1 y)| \leqslant \beta_0 |(K_2 - K_1)y|$$

定义算子 T

$$K \rightarrow TK = \frac{2b}{J}\int_0^{\frac{h}{2}} Ky^2\omega(Ky)\,\mathrm{d}y$$

式(2-28)可以写成

$$K = \frac{M}{EJ} + TK \tag{2-29}$$

采用迭代法，令 $K^{(0)} = \dfrac{M}{EJ}$，则第一次迭代为

$$K^{(1)} = \frac{M}{EJ} + TK^{(0)}$$

第 n 次迭代为

$$K^{(n)} = \frac{M}{EJ} + TK^{(n-1)}$$

由于

$$|TK^{(m)} - TK^{(m-1)}| \leqslant \beta_0 |K^{(m)} - K^{(m-1)}|$$

可见 T 是一个压缩映像，因此，以上迭代是收敛的。

2.4　超静定梁的塑性极限载荷

2.4.1　弹塑性过程分析法

我们讨论图 2-6 所示一次超静定梁的塑性极限载荷。无论弹性还是弹塑性，梁的弯矩都是如图 2-6(b) 所示。在弹性阶段，根据材料力学有

$$M_A = -3PL/8, \quad M_B = 5PL/16$$

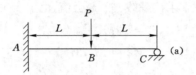

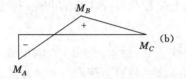

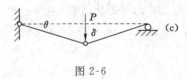

图 2-6

所以 A 截面首先出现屈服，当 $M_A = -M_s$ 时，对应的外载称为弹性极限载荷

$$P_e = \frac{8M_s}{3L}$$

当 $P > P_e$ 时，A 截面成为一个塑性铰，弯矩不再增长。由平衡方程得支座 C 的反力为

$$R_C = \frac{P}{2} - \frac{M_s}{2L}$$

B 截面的弯矩为

$$M_B = R_C L = \frac{PL}{2} - \frac{M_s}{2}$$

B 截面弯矩继续增长，直至 $M_B = M_s$，此时

$$P = P_s = \frac{3M_s}{L}$$

梁达到极限承载状态，此时对应的载荷称为塑性极限载荷。

以上通过弹性分析、弹塑性分析最后求出了结构的塑性极限载荷。事实上，我们可以有更简单的方法求结构的塑性极限载荷。主要有两种极限分析的方法，一个是静力法，一个是机动法。下面结合本例分别介绍。

2.4.2　静力法

静力法:在结构内处处不违反屈服条件的前提下,满足平衡方程的所有外载中,真实的极限载荷是其中最大的。

对于本例,由平衡方程可得

$$M_B = R_C L, \quad M_A = 2R_C L - PL \tag{2-30}$$

结构内处处不违反屈服条件等价于 A、B 两截面不违反屈服条件

$$|M_B| \leqslant M_s, \quad M_A \leqslant M_s \tag{2-31}$$

静力法就是在上述两式的前提下求出外载 P 的最大值。由于本问题比较简单,可由式(2-30)知

$$P = (2M_B - M_A)/L$$

在式(2-31)的前提下,最大值显然在 $M_B = M_s, M_A = -M_s$ 时达到,即有

$$P_s = P_{max} = 3M_s/L$$

这就是静力法。与前面的弹塑性过程分析方法的结果是一致的。

2.4.3　机动法

机动法:在所有可能的塑性流动(破损)机构中,利用外载做功与内部耗散功相等求出每种破损机构对应的外载,其中最小值即为结构的塑性极限载荷。

在本例中,只有一种可能的破损机构,如图 2-6(c) 所示,外力做功 $P\delta$,A 截面结构耗散功为 $M_s\theta$,B 截面结构耗散功为 $2M_s\theta$,根据机动法,有

$$P\delta = M_s\theta + 2M_s\theta = 3M_s\theta$$

而 $\delta = L\theta$,所以

$$P = 3M_s/L$$

这就是机动法求出的结构塑性极限载荷。可以看出与前面的方法结果是一致的。

对于较复杂的结构,可能的破损机构有很多种,需要计算每一种破损机构对应的破坏载荷值,真实的结构极限载荷就是其中最小的那一个。

下一节,我们将对较复杂的刚架结构用静力法和机动法来求解塑性极限载荷。

2.5　刚架的塑性极限载荷

现讨论如图 2-7 所示刚架的塑性极限载荷。设各个截面的塑性极限弯矩为 M_s。在水平力 P 和竖直力 $2P$ 作用下,求结构的极限载荷 P 值。

2.5.1　静力法

结构的超静定次数 $n = 2$。显然截面弯矩的极值都在图示的节点上,即节点 ①、②、③、④ 处可能出现塑性铰。设节点 ⑤ 处的支座反力为 R 和 N,取它们为赘余反力,则由平衡方程可以求出各个节点的弯矩。设刚架内侧受拉的弯矩为正。

$$
\left.
\begin{aligned}
M_4 &= -2RL \\
M_3 &= -2RL + NL \\
M_2 &= -2RL + 2NL - 2PL \\
M_1 &= 2NL - 2PL - P \times 2L
\end{aligned}
\right\}
$$

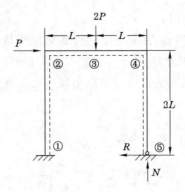

图 2-7

上面四式消去赘余反力后,有

$$-M_2 + 2M_3 - M_4 = 2PL \atop -M_1 + M_2 - M_4 = 2PL \Big\}$$

令 $m_i = M_i/M_s (i = 1,2,3,4)$,$f = PL/M_s$,上式可以写为

$$m_1 = m_2 - m_4 - 2f \atop 2m_3 = m_2 + m_4 + 2f \Big\} \tag{2-32}$$

处处满足屈服条件,就是要求

$$-1 \leqslant m_i \leqslant 1 \ (i = 1,2,3,4) \tag{2-33}$$

下面讨论如何求解式(2-32)、式(2-33),得出塑性极限载荷。

利用式(2-32)、式(2-33)可得

$$-1 \leqslant m_2 - m_4 - 2f \leqslant 1, \ -1 \leqslant m_2 \leqslant 1 \atop -2 \leqslant m_2 + m_4 + 2f \leqslant 2, \ -1 \leqslant m_4 \leqslant 1 \Big\}$$

或

$$-1 + m_4 + 2f \leqslant m_2 \leqslant 1 + m_4 + 2f, \ -1 \leqslant m_2 \leqslant 1 \atop -2 - m_4 - 2f \leqslant m_2 \leqslant 2 - m_4 - 2f, \ -1 \leqslant m_4 \leqslant 1 \Big\}$$

利用不等式的运算性质,上面四式互相消去 m_2,可得

$$-2 - 2f \leqslant m_4 \leqslant 2 - 2f, \ -3 - 2f \leqslant m_4 \leqslant 3 - 2f \atop -3/2 - 2f \leqslant m_4 \leqslant 3/2 - 2f, \ -1 \leqslant m_4 \leqslant 1 \Big\}$$

同样,将上式中的 m_4 消去,得

$$-3/2 \leqslant f \leqslant 3/2 \atop -2 \leqslant f \leqslant 2 \atop -5/4 \leqslant f \leqslant 5/4 \Big\}$$

取能满足上面三式的取值为

$$-5/4 \leqslant f \leqslant 5/4$$

这个范围内的最大值为 $f = 5/4 = 1.25$,因此,真实的塑性极限载荷为

$$P_s = \frac{5M_s}{4L}$$

2.5.2 机动法

由于结构是 2 次超静定,因此,需要 3 个塑性铰才能形成一个破损机构,而可能的成塑性铰点是节点 ①、②、③、④,因此有 $C_4^3 = 4$ 种破损机构,如图 2-8 所示。对于每种破损机构,使用外力功等于内力耗散功的方法可以分别求出相应的载荷值。对于图 2-8(a) 有

$$2PL\theta = 4M_s\theta$$

得

$$P = 2M_s/L$$

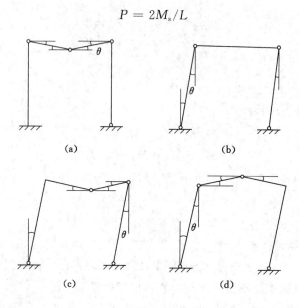

图 2-8
(a) 节点 ②、③、④ 成铰;(b) 节点 ①、②、④ 成铰;
(c) 节点 ①、③、④ 成铰;(d) 节点 ①、②、③ 成铰

对于图 2-8(b) 有

$$P \times 2L\theta = 3M_s\theta$$

得

$$P = 1.5M_s/L$$

对于图 2-8(c) 有

$$P \times 2L\theta + 2PL\theta = 5M_s\theta$$

得

$$P = 1.25M_s/L$$

对于图 2-8(d) 有

$$P \times 2L\theta - 2PL\theta = 5M_s\theta$$

得

$$P \to \infty$$

综合上面四种情况,最小的值为图 2-8(c) 的 $P = 1.25M_s/L = \dfrac{5M_s}{4L}$,根据机动法的原理,这

就是结构的塑性极限载荷,即

$$P_{\mathrm{s}} = \frac{5M_{\mathrm{s}}}{4L}$$

这与前面静力法的结果是一致的。

　　需要指出的是,在实际问题中,结构的超静定次数和可能成铰的节点数目往往很大,这时结构可能的破损机构的数目也将是很大的。这使得塑性极限载荷的计算变得十分繁杂。一种较为简便的方法是,选择一部分可能的破损机构进行计算,求对应于这部分破损机构载荷最小的那一个,虽然这个最小值不一定是结构的塑性极限载荷,但它一定是结构塑性极限载荷的“上限”。令成铰点的弯矩值为 $\pm M_{\mathrm{s}}$(符号根据成铰点的转向决定),这时结构其他可能成铰点的弯矩值就可以通过平衡方程求出,如果所有可能成铰点弯矩绝对值都不超过 M_{s},则前面得到的“上限”就是真实的塑性极限载荷。否则,“上限”就不是真实的极限载荷,需要对其他的破损机构进行重新计算。

2.6　极限分析中的上下限定理

　　前面两节我们通过简单的实例介绍了结构极限分析中的两种常用方法 —— 静力法和机动法。这两种方法的理论依据就是本节要讨论的上下限定理。

　　假定作用在结构上的外载荷为 $P_{\alpha}(\alpha = 1,2,\cdots,r)$ 为集中力,它们以共同的比例因子 $P(>0)$ 逐渐增长,当 $P = P_{\mathrm{s}}$ 时,外载荷对应于真实的塑性极限载荷

$$P_{\alpha}^{\mathrm{s}} = P_{\mathrm{s}}N_{\alpha}(P_{\mathrm{s}} > 0, \alpha = 1,2,\cdots,r)$$

其中 $N_{\alpha}(\alpha = 1,2,\cdots,r)$ 表示结构中给定的外载之间的相对比值。与真实的塑性流动机构相对应的运动许可场可以写为 $\{\theta_k, \Delta_\alpha\}$,其中 $\theta_k(k = 1,2,\cdots,n+1)$ 是实际出现塑性铰 x_{k} 点两侧梁的相对转角,Δ_α 为载荷作用点处载荷方向的位移。

　　静力法要求构造某个静力许可场 $\{M_j^0, P_\alpha^0\}(j = 1,2,\cdots,m)$,由此可得一个载荷乘子 P^0

$$P_\alpha^0 = P^0 N_\alpha (\alpha = 1,2,\cdots,r)$$

　　机动法要求构造某个运动许可场 $\{\theta_k^*, \Delta_\alpha^*\}$,然后通过外力功与塑性铰耗散功相等来求出相应的载荷值

$$P_\alpha^* = P^* N_\alpha (\alpha = 1,2,\cdots,r)$$

其中 P^* 满足

$$P^* \sum_{\alpha=1}^{r} N_\alpha \Delta_\alpha^* = \sum_{k=1}^{n+1} M_{\mathrm{s}} |\theta_k^*| \tag{2-34}$$

根据运动许可场的定义,上式中

$$\sum_{\alpha=1}^{r} N_\alpha \Delta_\alpha^* > 0 \tag{2-35}$$

　　对于结构中出现的集中力以外的载荷,如分布载荷,相应的广义位移将由分布挠度来表示。这样,在计算外力功时,相应的求和号就应改为积分号。因为这并没有原则性困难,所以我们仅讨论外载为集中力的情况。

　　上下限定理:由静力法得到的载荷乘子 P^0 小于等于真实的载荷乘子 P_{s},由机动法得到

的载荷乘子 P^* 大于等于真实的载荷乘子 P_s,即

$$P^0 \leqslant P_s \leqslant P^*$$

证明:(1) 选择任意一个静力许可场 $\{M_j^0, P_\alpha^0\}$ 和真实运动场 $\{\theta_k, \Delta_\alpha\}$,由虚功原理,即外力虚功等于内力耗散虚功,可得

$$\sum_{\alpha=1}^{r} P_\alpha^0 \Delta_\alpha = \sum_{k=1}^{n+1} M_j^0(x_k)\theta_k$$

即

$$P^0 \sum_{\alpha=1}^{r} N_\alpha \Delta_\alpha = \sum_{k=1}^{n+1} M_j^0(x_k)\theta_k \tag{2-36}$$

(2) 选择真实静力场 $\{M_j, P_\alpha\}$ 和真实运动场 $\{\theta_k, \Delta_\alpha\}$,由虚功原理有

$$\sum_{\alpha=1}^{r} P_\alpha \Delta_\alpha = \sum_{k=1}^{n+1} M_j(x_k)\theta_k = \sum_{k=1}^{n+1} M_s|\theta_k| > 0$$

进一步

$$P_s \sum_{\alpha=1}^{r} N_\alpha \Delta_\alpha = \sum_{k=1}^{n+1} M_s|\theta_k| \tag{2-37}$$

式(2-37) 减去式(2-36) 得

$$(P_s - P^0)\sum_{\alpha=1}^{r} N_\alpha \Delta_\alpha = \sum_{k=1}^{n+1}[M_s|\theta_k| - M_j^0(x_k)\theta_k]$$

注意到 $|M_j^0(x_k)| \leqslant M_s$,因为真实的机动场也是机动许可场,有 $\sum_{\alpha=1}^{r} N_\alpha \Delta_\alpha > 0$,所以由上式可得

$$P_s - P^0 \geqslant 0 \tag{2-38}$$

这就是下限定理。

(3) 选择真实静力场 $\{M_j, P_\alpha\}$ 和任意一个运动许可场 $\{\theta_k^*, \Delta_\alpha^*\}$,由虚功原理

$$\sum_{\alpha=1}^{r} P_\alpha \Delta_\alpha^* = \sum_{k=1}^{n+1} M_j(x_k^*)\theta_k^*$$

即

$$P_s \sum_{\alpha=1}^{r} N_\alpha \Delta_\alpha^* = \sum_{k=1}^{n+1} M_j(x_k^*)\theta_k^* \tag{2-39}$$

式(2-34) 减去式(2-39),得

$$(P^* - P_s)\sum_{\alpha=1}^{r} N_\alpha \Delta_\alpha^* = \sum_{k=1}^{n+1}[M_s|\theta_k^*| - M_j(x_k^*)\theta_k^*]$$

因为 $|M_j(x_k^*)| \leqslant M_s$,联立式(2-35),得出

$$P^* - P_s \geqslant 0 \tag{2-40}$$

这就是上限定理。综合式(2-38) 和式(2-40),有

$$P^0 \leqslant P_s \leqslant P^*$$

上式就是上下限定理。

以上定理表明,由静力法可以得到极限载荷的下限,由机动法可以得到极限荷载的上限,如果能同时找到一个既是静力许可场又是运动许可场的体系,那么,相应的载荷就必然是结构的塑性极限载荷。如果不能精确地求出极限载荷,也可以分别由静力许可场

和运动许可场求得极限载荷的下限和上限,并由上限与下限之差来估计极限载荷近似值的精确度。

习　　题

2.1　空心圆截面梁,已知内径为 d,外径为 D,$d/D = \alpha$,在纯弯曲时,求 M_s/M_e 与 α 的关系。

2.2　半径为 R 的实心圆截面梁受弯矩 M 的作用,材料是理想弹塑性的,求弯矩 M 与曲率 K 之间的关系。

2.3　如图所示的悬臂矩形截面梁(长 l,宽 b,高 h)受均布载荷 q 的作用,材料是理想弹塑性的,求自然端的挠度 δ 和转角 θ 与 q 的关系。

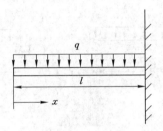

题 2.3 图

2.4　图 2-5(见第 20 页)所示的悬臂矩形截面梁,当 P 加载到 P_s 后卸载,求梁的上半部分 $(0 \leqslant x \leqslant L,0 \leqslant y \leqslant h/2)$ 在卸载后的残余应力分布 $\sigma^0(x,y)$。

2.5　如图所示的矩形截面悬臂梁,在梁的中点受力 P 向下作用,在自由端受力 $\dfrac{5P}{16}$ 向上作用。梁材料的 $\sigma\varepsilon$ 曲线是理想弹塑性的,求梁的塑性极限载荷 P_s 值及当 $P = P_s$ 时弹塑性交界 $\zeta(x)$ 的表达式。

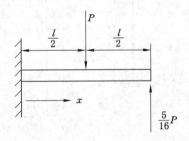

题 2.5 图

2.6　如图所示梁,一端简支一端固定,受均布载荷 q 的作用,梁的 M-K 曲线采用图示的简化模型,求 q_e 与 q_s。当载荷 q 从零开始增加时,求铰支座反力 Q 与外载 q 的关系。

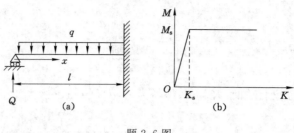

题 2.6 图

2.7　利用上限定理求图示连续梁的极限载荷 q 值。

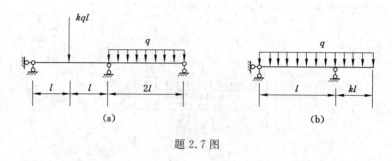

题 2.7 图

2.8　利用上限及下限定理,求图示刚架的极限载荷 P 值,并给出该载荷下所有节点处的弯矩值(规定刚架内侧受拉时弯矩为正)。

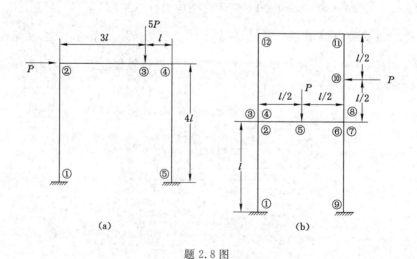

题 2.8 图

2.9　利用上限及下限定理求图示刚架的极限载荷 P 值,均布载荷的合力用 $5P$ 表示,图中①所示柱的极限弯矩是 M_s,②所示梁的极限弯矩是 $2M_s$,在形成机构时,在梁距左端 x 处可能形成铰,这里用节点 5 表示。

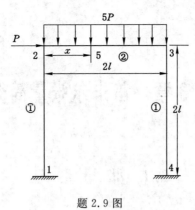

题 2.9 图

第3章 笛卡尔张量简介

3.1 张 量 常 识

3.1.1 张量的基本特点

在力学中会遇到很多物理量和数学量,它们是用来描述客观存在的事物和概念的。有些量比较简单,只需用一个数即可代表,如质量、温度、时间、面积、长度等,称为标量。有些量比较复杂,单用一个数不能代表其意义,如位移、速度、力、梯度等,不仅有大小还有方向,在三维空间中,需用三个数才能代表,称为矢量。还有更复杂的物理量,矢量也表达不了,如弹性力学中学过的应力张量、应变张量,需要用 $3^2 = 9$ 个数才能代表,称为 2 阶张量。事实上,还有更复杂的量,更高阶的张量。一般来讲,在三维空间中可以定义 n 阶张量,它需要 3^n 个数来表达,这 3^n 个数称为张量的分量,它们合在一起作为整体构成了张量。特别地,1 阶张量就是矢量,0 阶张量就是标量。

n 阶张量是由 3^n 个数构成的,但反过来,任意 3^n 个数是否一定能构成一个 n 阶张量呢?答案是否定的。事实上,正如前面所说,张量是对客观存在的事物的描述,所以客观性是张量的本质特征。而客观性在数学上的表现就是不依赖于坐标系的选择。我们以矢量为例来说明客观性的意义。设 $\boldsymbol{F}$ 是一个矢量,它是一阶张量。在坐标系 $Oxyz$ 中 $\boldsymbol{F} = (F_x, F_y, F_z)$,其中 F_x, F_y, F_z 称为矢量 $\boldsymbol{F}$ 的三个分量,这三个参数代表了矢量 $\boldsymbol{F}$。在另一个坐标系 $Ox'y'z'$ 中 $\boldsymbol{F} = (F_{x'}, F_{y'}, F_{z'})$,$F_{x'}, F_{y'}, F_{z'}$ 也是力 $\boldsymbol{F}$ 的三个分量,这三个参数同样也是矢量 $\boldsymbol{F}$ 的代表。一般来讲,$F_x \neq F_{x'}, F_y \neq F_{y'}, F_z \neq F_{z'}$。由此我们得出两点认识:① 在不同坐标系下的两组分量从数值上看完全不同的数组,却代表同一个矢量 $\boldsymbol{F}$。事实上,恰恰因为矢量 $\boldsymbol{F}$ 的客观性,不同坐标系下的两组分量必然不能相同。② 在不同坐标系下的两组看起来不同的分量,如果说都代表同一个矢量(客观存在),那它们之间应该满足某种坐标变换的特定关系,而这种特定的关系,能够提供我们张量数学定义的基础。

3.1.2 张量的下标记法

张量的下标记法使冗长的弹塑性力学公式变得简明,使数学推演概念清晰,因此应熟练掌握这种记法。

我们用 1,2,3 分别代表三个坐标轴 x, y, z,并用特定的字母如 i 代表分别取 1,2,3 全体,称为下标,我们习惯用 i, j 等这样的字母作为下标。根据张量的下标记法,用带一个下标的字母表示一阶张量(矢量);用带两个下标的字母表示二阶张量;依次类推,用带 n 个下标的字母表示 n 阶张量。需要指出的是,下标遍取 1,2,3。例如:

(1) 三维空间中任一点 M 的坐标 (x, y, z) 可以简记为 $x_i (i = 1, 2, 3)$,这里 x_1 表示 x,

x_2 表示 y，x_3 表示 z，i 即为下标。

（2）对于一般矢量，如物体内某点的位移矢量 (u, v, w) 可简记为 u_i，u_1 代表 u，u_2 代表 v，u_3 代表 w。

（3）二阶应力张量 $\begin{bmatrix} \sigma_x & \tau_{xy} & \tau_{xz} \\ \tau_{yx} & \sigma_y & \tau_{yz} \\ \tau_{zx} & \tau_{zy} & \sigma_z \end{bmatrix} = \begin{bmatrix} \sigma_{11} & \sigma_{12} & \sigma_{13} \\ \sigma_{21} & \sigma_{22} & \sigma_{23} \\ \sigma_{31} & \sigma_{32} & \sigma_{33} \end{bmatrix}$ 简记为 σ_{ij}（其中 i, j 遍取 $1,2,3$）。

（4）二阶应变张量 $\begin{bmatrix} \varepsilon_x & \varepsilon_{xy} & \varepsilon_{xz} \\ \varepsilon_{yx} & \varepsilon_y & \varepsilon_{yz} \\ \varepsilon_{zx} & \varepsilon_{zy} & \varepsilon_z \end{bmatrix} = \begin{bmatrix} \varepsilon_{11} & \varepsilon_{12} & \varepsilon_{13} \\ \varepsilon_{21} & \varepsilon_{22} & \varepsilon_{23} \\ \varepsilon_{31} & \varepsilon_{32} & \varepsilon_{33} \end{bmatrix}$ 简记为 ε_{ij}（其中 i, j 遍取 $1,2,3$）。

3.1.3　求和约定

依照爱因斯坦约定，在同一项中，如果某个下标出现 2 次，三维空间中，就表示要对这个指标从 1 到 3 求和（二维空间中，就表示要对这个指标从 1 到 2 求和）。重复出现的下标称为哑下标又叫求和下标，必须求和，没有重复出现的下标称为自由下标，应遍取 $1,2,3$。下面举几个例子。

（1）$A_i B_i = A_1 B_1 + A_2 B_2 + A_3 B_3 \left(= \sum_{i=1}^{3} A_i B_i\right) = \boldsymbol{A} \cdot \boldsymbol{B}$，式中 i 为哑下标。

（2）$C_{ij} B_i = C_{1j} B_1 + C_{2j} B_2 + C_{3j} B_3 (j=1,2,3)$，式中 i 为哑下标，要求和。j 为自由下标，遍取 $1,2,3$，因此它等价为下面三个式子

$$C_{i1} B_i = C_{11} B_1 + C_{21} B_2 + C_{31} B_3$$
$$C_{i2} B_i = C_{12} B_1 + C_{22} B_2 + C_{32} B_3$$
$$C_{i3} B_i = C_{13} B_1 + C_{23} B_2 + C_{33} B_3$$

（3）$\sigma_{ii} = \sigma_{11} + \sigma_{22} + \sigma_{33}$。

（4）$\sigma_{ij}\sigma_{ij} = \sigma_{11}^2 + \sigma_{12}^2 + \sigma_{13}^2 + \sigma_{21}^2 + \sigma_{22}^2 + \sigma_{23}^2 + \sigma_{31}^2 + \sigma_{32}^2 + \sigma_{33}^2$。

3.1.4　克罗内克符号

δ_{ij} 称为克罗内克符号（Kronecker delta，克氏符号），其定义为

$$\delta_{ij} = \begin{cases} 0 & \text{当 } i \neq j \\ 1 & \text{当 } i = j \end{cases}$$

δ_{ij} 有两个下标，它是二阶张量，从矩阵角度看 δ_{ij} 就是单位矩阵

$$\delta_{ij} = \begin{bmatrix} 1 & 0 & 0 \\ 0 & 1 & 0 \\ 0 & 0 & 1 \end{bmatrix}$$

δ_{ij} 是张量分析中一个基本的符号，利用它可使复杂公式的书写简化。

在笛卡尔坐标系中，坐标轴单位矢量的点乘可表示为

$$\boldsymbol{i}_i \cdot \boldsymbol{i}_j = \delta_{ij}$$

3.1.5　偏导数的下标记法

以后我们用","表示偏导数。例如：

$$f_{,i} = \frac{\partial f}{\partial x_i}$$

$$f,_{ij} = \frac{\partial^2 f}{\partial x_i \partial x_j}$$

$$\sigma_{ij,k} = \frac{\partial \sigma_{ij}}{\partial x_k}$$

$$\sigma_{ij,j} = \frac{\partial \sigma_{ij}}{\partial x_j} = \frac{\partial \sigma_{i1}}{\partial x_1} + \frac{\partial \sigma_{i2}}{\partial x_2} + \frac{\partial \sigma_{i3}}{\partial x_3}$$

3.1.6　置换符号 $\in_{ijk}$

置换符号 $\in_{ijk}$ 又称为 Permutation 符号,其定义如下:

$\in_{ijk} = 1$　　当 i,j,k 为 $1,2,3$ 正循环序列(偶排列),见图 3-1(a)

$\in_{ijk} = -1$　　当 i,j,k 为 $1,2,3$ 逆循环序列(奇排列),见图 3-1(b)

$\in_{ijk} = 0$　　当 i,j,k 中有两个赋值相同时

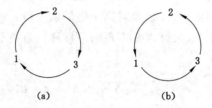

图 3-1

(a) 正循环排列(偶排列);(b) 逆循环排列(奇排列)

利用置换符号 $\in_{ijk}$ 可以简化复杂表达式的书写。例如对三级行列式有

$$\begin{vmatrix} a_{11} & a_{12} & a_{13} \\ a_{21} & a_{22} & a_{23} \\ a_{31} & a_{32} & a_{33} \end{vmatrix} = a_{11}a_{22}a_{33} + a_{12}a_{23}a_{31} + a_{13}a_{32}a_{21} - a_{13}a_{22}a_{31} - a_{12}a_{21}a_{33} - a_{11}a_{32}a_{23}$$

$$= \in_{ijk} a_{i1}a_{j2}a_{k3} = \in_{ijk} a_{1i}a_{2j}a_{3k} \quad (i,j,k = 1,2,3)$$

3.2　张量的定义

3.2.1　矢量的坐标变换

设在一直角坐标系 $Oxyz$ 里,任意一个矢量 $\boldsymbol{r}$ 的三个分量为 a_1,a_2,a_3,即 $\boldsymbol{r} = a_1\boldsymbol{i} + a_2\boldsymbol{j} + a_3\boldsymbol{k}$,在另一个原点相同的新坐标系 $Ox'y'z'$ 里,矢量 $\boldsymbol{r}$ 的三个分量为 a'_1,a'_2,a'_3,即 $\boldsymbol{r} = a'_1\boldsymbol{i}' + a'_2\boldsymbol{j}' + a'_3\boldsymbol{k}'$。新旧坐标变换关系见表 3-1。

表 3-1　　　　　　　　　　　　　　新旧坐标变换关系

坐标	x	y	z
x'	$l_{11} = \cos(x',x)$	$l_{12} = \cos(x',y)$	$l_{13} = \cos(x',z)$
y'	$l_{21} = \cos(y',x)$	$l_{22} = \cos(y',y)$	$l_{23} = \cos(y',z)$
z'	$l_{31} = \cos(z',x)$	$l_{32} = \cos(z',y)$	$l_{33} = \cos(z',z)$

$$a_1\boldsymbol{i} + a_2\boldsymbol{j} + a_3\boldsymbol{k} = a'_1\boldsymbol{i}' + a'_2\boldsymbol{j}' + a'_3\boldsymbol{k}'$$

对上式等号两边依次分别点乘 $\boldsymbol{i}',\boldsymbol{j}',\boldsymbol{k}'$,可得

$$\left.\begin{aligned}
a'_1 &= a_1\boldsymbol{i}\cdot\boldsymbol{i}' + a_2\boldsymbol{j}\cdot\boldsymbol{i}' + a_3\boldsymbol{k}\cdot\boldsymbol{i}' = a_1 l_{11} + a_2 l_{12} + a_3 l_{13}\\
a'_2 &= a_1\boldsymbol{i}\cdot\boldsymbol{j}' + a_2\boldsymbol{j}\cdot\boldsymbol{j}' + a_3\boldsymbol{k}\cdot\boldsymbol{j}' = a_1 l_{21} + a_2 l_{22} + a_3 l_{23}\\
a'_3 &= a_1\boldsymbol{i}\cdot\boldsymbol{k}' + a_2\boldsymbol{j}\cdot\boldsymbol{k}' + a_3\boldsymbol{k}\cdot\boldsymbol{k}' = a_1 l_{31} + a_2 l_{32} + a_3 l_{33}
\end{aligned}\right\} \tag{3-1}$$

用矩阵记法:

$$\begin{bmatrix} a'_1 \\ a'_2 \\ a'_3 \end{bmatrix} = \begin{bmatrix} l_{11} & l_{12} & l_{13} \\ l_{21} & l_{22} & l_{23} \\ l_{31} & l_{32} & l_{33} \end{bmatrix} \begin{bmatrix} a_1 \\ a_2 \\ a_3 \end{bmatrix} \tag{3-2}$$

用张量记法:

$$a'_i = l_{ij} a_j$$

其中 $l_{ij} = \begin{bmatrix} l_{11} & l_{12} & l_{13} \\ l_{21} & l_{22} & l_{23} \\ l_{31} & l_{32} & l_{33} \end{bmatrix}$ 称为坐标变换矩阵,或坐标变换张量。容易看出坐标变换矩阵的逆

就是矩阵的转置:

$$\begin{bmatrix} l_{11} & l_{12} & l_{13} \\ l_{21} & l_{22} & l_{23} \\ l_{31} & l_{32} & l_{33} \end{bmatrix}^{-1} = \begin{bmatrix} l_{11} & l_{12} & l_{13} \\ l_{21} & l_{22} & l_{23} \\ l_{31} & l_{32} & l_{33} \end{bmatrix}^{\mathrm{T}} = \begin{bmatrix} l_{11} & l_{21} & l_{31} \\ l_{12} & l_{22} & l_{32} \\ l_{13} & l_{23} & l_{33} \end{bmatrix}$$

用张量写法上式可以表达为

$$(l_{ij})^{-1} = (l_{ij})^{\mathrm{T}} = l_{ji}$$

3.2.2　张量的定义

张量元素的个数是由空间的维数 N 和张量的阶数 n 决定的,即等于 N^n。我们在三维笛卡尔坐标系中定义张量。

(1) 零阶张量

零阶张量只有 1 个元素,就是我们熟知的所谓标量,它与坐标系无关,是坐标变换的不变量。

(2) 一阶张量

对于在坐标系 $Oxyz$ 下的三个数组成的数组 $T_i(i=1,2,3)$,当坐标旋转变换为新的坐标系 $Ox'y'z'$ 后,数组 $T_i(i=1,2,3)$ 变成了 $T'_i(i=1,2,3)$,假定坐标变换矩阵为 $\begin{bmatrix} l_{11} & l_{12} & l_{13} \\ l_{21} & l_{22} & l_{23} \\ l_{31} & l_{32} & l_{33} \end{bmatrix}(=l_{ij})$,符合式(3-2),即

$$\begin{bmatrix} T'_1 \\ T'_2 \\ T'_3 \end{bmatrix} = \begin{bmatrix} l_{11} & l_{12} & l_{13} \\ l_{21} & l_{22} & l_{23} \\ l_{31} & l_{32} & l_{33} \end{bmatrix} \begin{bmatrix} T_1 \\ T_2 \\ T_3 \end{bmatrix}$$

用张量记法:

$$T'_i = l_{ij} T_j \quad (i=1,2,3)$$

或

$$T_i = l_{ji} T'_j \quad (i = 1, 2, 3)$$

时,我们称数组 $T_i (i = 1, 2, 3)$ 为一阶张量。

由此定义,我们知道,一阶张量即为矢量。

(3) 二阶张量

对于在坐标系 $Oxyz$ 下的数组 $T_{ij} (i, j = 1, 2, 3)$,当坐标旋转变换为新的坐标系 $Ox'y'z'$

后,数组 T_{ij} 变成了 T'_{ij},假定坐标变换矩阵为 $\begin{bmatrix} l_{11} & l_{12} & l_{13} \\ l_{21} & l_{22} & l_{23} \\ l_{31} & l_{32} & l_{33} \end{bmatrix} (= l_{ij})$,当

$$T'_{ij} = l_{im} l_{jn} T_{mn} \quad (i, j, m, n = 1, 2, 3) \tag{3-3}$$

或

$$T_{ij} = l_{mi} l_{nj} T'_{mn} \quad (i, j, m, n = 1, 2, 3) \tag{3-4}$$

时,我们称数组 $T_{ij} (i, j = 1, 2, 3)$ 为二阶张量。

上式也可以用矩阵形式写为

$$\begin{bmatrix} T'_{11} & T'_{12} & T'_{13} \\ T'_{21} & T'_{22} & T'_{23} \\ T'_{31} & T'_{32} & T'_{33} \end{bmatrix} = \begin{bmatrix} l_{11} & l_{12} & l_{13} \\ l_{21} & l_{22} & l_{23} \\ l_{31} & l_{32} & l_{33} \end{bmatrix} \begin{bmatrix} T_{11} & T_{12} & T_{13} \\ T_{21} & T_{22} & T_{23} \\ T_{31} & T_{32} & T_{33} \end{bmatrix} \begin{bmatrix} l_{11} & l_{12} & l_{13} \\ l_{21} & l_{22} & l_{23} \\ l_{31} & l_{32} & l_{33} \end{bmatrix}^T$$

我们定义两个一阶张量的并矢运算:设有两个一阶张量 A_i 和 B_i,将 A_i 的每个元素分别与 B_i 的每个元素相乘,共得到 9 个元素,用 T_{ij} 表示这 9 个元素:

$$T_{ij} = A_i B_j \tag{3-5}$$

写成矩阵的形式为

$$T_{ij} = \begin{bmatrix} A_1 \\ A_2 \\ A_3 \end{bmatrix} (B_1 \quad B_2 \quad B_3) = \begin{bmatrix} A_1 B_1 & A_1 B_2 & A_1 B_3 \\ A_2 B_1 & A_2 B_2 & A_2 B_3 \\ A_3 B_1 & A_3 B_2 & A_3 B_3 \end{bmatrix} \tag{3-6}$$

这种运算称为并矢运算。

当坐标变换时,$A'_i = l_{im} A_m$,$B'_j = l_{jn} B_n$ 所以

$$T'_{ij} = A'_i B'_j = l_{im} A_m l_{jn} B_n = l_{im} l_{jn} A_m B_n = l_{im} l_{jn} T_{mn}$$

这说明 $T_{ij} = A_i B_j$ 是二阶张量。

通过矢量的并矢运算,可以得到一个二阶的张量。

(4) n 阶张量

设有数组 $T_{i_1 i_2 \cdots i_n} (i_1, i_2, \cdots, i_n = 1, 2, 3)$,显然该数组的元素个数为 3^n 个,在新的坐标系下,该数组变为 $T'_{i_1 i_2 \cdots i_n} (i_1, i_2, \cdots, i_n = 1, 2, 3)$,如果有

$$T'_{i_1 i_2 \cdots i_n} = l_{i_1 j_1} l_{i_2 j_2} \cdots l_{i_n j_n} T_{j_1 j_2 \cdots j_n} \tag{3-7}$$

或

$$T_{i_1 i_2 \cdots i_n} = l_{j_1 i_1} l_{j_2 i_2} \cdots l_{j_n i_n} T'_{j_1 j_2 \cdots j_n} \tag{3-8}$$

则称 $T_{i_1 i_2 \cdots i_n} (i_1, i_2, \cdots, i_n = 1, 2, 3)$ 为 n 阶张量。

为了简单方便,有时我们会用 T_{i_n} 代表 $T_{i_1 i_2 \cdots i_n}$。

3.3　张量的代数运算

3.3.1　张量的相等

如果两个张量 A、B 在同一坐标系下的各个分量都相等,则称这两个张量相等,记为 $A = B$。

3.3.2　张量的加法

如果两个张量 A、B 同阶,将它们在同一坐标系中的各个对应的分量相加,称为 A 与 B 的和,记为 $A + B$。

3.3.3　张量的数乘(标量乘)

设 λ 为一个数(标量),A 是任意阶张量,定义 λ 与 A 的乘积 λA 为一同阶新张量 B,B 的分量为 λ 乘以 A 每一个分量。

3.3.4　张量的乘积

若 A 是 m 阶张量,B 是 n 阶张量,用 AB 表示它们的乘积,定义为:用前一个张量的每一个分量与后一个张量的每一个分量分别相乘,得到 $3^m \cdot 3^n = 3^{m+n}$ 个元素,它们构成一个 $m + n$ 阶张量。

例如,设 A、B 均为 2 阶张量即 A_{ij}、B_{mn},则 $AB = A_{ij}B_{mn}$ 是一个 4 阶张量。

张量的乘积具有以下性质:

(1) 满足分配律

$$(A + B)C = AC + BC$$

(2) 满足结合律

$$(AB)C = A(BC)$$

(3) 不满足交换律

$$AB \neq BA$$

3.3.5　张量的缩并

定义:任一 $n(n \geqslant 2)$ 阶张量有 n 个自由下标,令其中的两个下标相同(重复)因而进行约定求和,其余自由下标不变,称为张量的缩并。

张量的缩并将原张量降低 2 阶,产生出一个 $n - 2$ 阶的新张量。

例如:二阶张量 σ_{ij},经过张量的缩并:$\sigma_{ii} = \sigma_{11} + \sigma_{22} + \sigma_{33}$,为一标量。对三阶张量 A_{ijk} 的后两个下标缩并:$A_{ijj} = A_{i11} + A_{i22} + A_{i33}$,为一阶张量。

3.3.6　张量的内积

对张量 A、B 的乘积再进行一次缩并运算,其中参与缩并的两个下标规定为:前一个张量的最后一个下标与后一个张量的第一个下标,称为张量 A、B 的内积,记为:$A \cdot B$。

例如,对两个一阶张量(矢量)$A = A_i, B = B_i, A \cdot B = A_iB_i$,结果为一个标量。对两个二阶张量 $A = A_{ij}, B = B_{kl}, A \cdot B = A_{ik}B_{kj}$,结果还是一个二阶张量,事实上这时的点乘就是矩阵的乘法。

显然 2 阶及以上张量的内积一般不服从交换律,即

$$A \cdot B \neq B \cdot A$$

但对于两个矢量(1 阶张量)而言,点乘是符合交换律的。

3.3.7　张量的对称性与反对称性

我们把调换张量两个下标的顺序称为张量的转置,如果转置张量与原张量相等,则称为该张量对于这两个下标对称。例如,4 阶弹性系数张量 $C_{ijkl} = C_{jikl}$,对于第一和第二下标对称。

如果转置张量与原张量相反(相差一个正负号),则称为该张量对于这两个下标反对称。

若一个张量对于任意两个下标都对称,则称此张量为对称张量。

若一个张量对于任意两个下标都反对称,则称此张量为反对称张量。

对于任意一个二阶张量 A_{ij},我们总可以将 A_{ij} 分解为一个对称张量与一个反对称张量之和:

$$A_{ij} = \frac{1}{2}(A_{ij} + A_{ji}) + \frac{1}{2}(A_{ij} - A_{ji})$$

其中 $\frac{1}{2}(A_{ij} + A_{ji})$ 是对称的,$\frac{1}{2}(A_{ij} - A_{ji})$ 是反对称的。

习　　题

3.1　证明 $\delta_{ij}\delta_{ij} = 3$。

3.2　已知关系

$$\sigma_{ij} = s_{ij} + \frac{1}{3}\sigma_{kk}\delta_{ij}$$

$$J_2 = \frac{1}{2}s_{ij}s_{ij}$$

$$J_3 = \frac{1}{3}s_{ij}s_{jk}s_{ki}$$

其中 σ_{ij} 是对称的二阶张量。证明:

(1) $s_{ii} = 0$

(2) $\dfrac{\partial J_2}{\partial \sigma_{ij}} = s_{ij}$

(3) $\dfrac{\partial J_3}{\partial \sigma_{ij}} = s_{ik}s_{kj} - \dfrac{2}{3}J_2\delta_{ij}$

3.3　证明二阶张量可以分解为一个对称张量与一个反对称张量之和,且分解唯一。

3.4　证明不存在一对矢量 a_i 和 b_j,使得 $\delta_{ij} = a_ib_j$。

3.5　证明任意二阶张量 σ_{ij} 可以写成:

$$\sigma_{ij} = s_{ij} + \alpha\delta_{ij}$$

其中 $s_{ii} = 0$。

第4章 应力分析

4.1 外力——体力与面力

4.1.1 体力——体力集度

作用于物体上的外力有两种类型,即体力和面力。所谓体力是指作用于整个物体的每个质点上,即整个体积上的外力,如重力、惯性力、电磁力等。体力是长程力,不需要接触即可施加。

体力是作用于物体每个质点的,而各个质点受到的体力可以不相同,因此一般不能对整个物体来定量地谈体力,应当逐点来谈。

如何度量物体受到的体力呢?我们引入体力集度的概念来度量体力。首先我们在需要考察的点 P 周围选取一个包围 P 的邻域,该邻域的体积为 ΔV,设该体积受到体力的合力为 ΔF,则称 $\Delta F/\Delta V$ 为体力在体积 ΔV 上的平均集度,当 ΔV 趋于 0,邻域趋于 P 点,此时有

$$f = \lim_{\Delta V \to 0}(\Delta F/\Delta V) = f_x i + f_y j + f_z k$$

式中,f 称为 P 点的体力集度,体力集度是矢量。如图 4-1(a) 所示。

一般我们沿坐标轴方向来分解 f,即 f_x, f_y, f_z,体力分量以坐标轴为标准,沿坐标轴的正向为正,沿坐标轴的反向为负。

体力的量纲为:$[力][长度]^{-3}$,常用单位有 N/m^3。

体力集度是定义在物体各点上的,因此体力集度是空间位置的函数。可表示为

$$f(x,y,z) = f_x(x,y,z)i + f_y(x,y,z)j + f_z(x,y,z)k$$

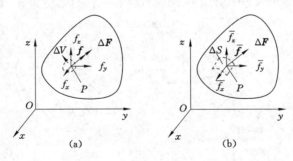

图 4-1

(a) 体力;(b) 面力

4.1.2 面力 —— 面力集度

面力指通过面接触而施加的外力,如风力、液体压力、物体之间的接触力等。面力通过接

触才能施加,因此,没有接触,就没有面力。反之,有接触就一定有力吗?当我们把 0 接触力也认为有力的话,我们可以肯定地讲,有接触,必有力。

接触面由无数个点组成,如上所述,有接触,必有力。因此,每个接触点都有力,而且各点的接触力可能大小方向不相同。显然,面力的度量需要逐点进行。因为接触的合力总是有限的,所以接触点上的合力一定无限小。面力不可以用接触点上的合力度量。

面力如何度量呢?这需要引入面力集度的概念。首先,我们选定需考察的接触点 P,如图 4-1(b) 所示。在接触面上取一个包含 P 点的小面积 ΔS,设 ΔS 上面力的合力为 $\Delta \boldsymbol{F}$,则 P 点的面力集度矢量定义为:

$$\overline{\boldsymbol{f}} = \lim_{\Delta S \to 0}(\Delta \boldsymbol{F}/\Delta S) = \overline{f}_x \boldsymbol{i} + \overline{f}_y \boldsymbol{j} + \overline{f}_z \boldsymbol{k}$$

我们一般沿坐标轴分解面力集度矢量,与坐标轴一致为正,相反为负。

面力集度的量纲为:$[力][长度]^{-2}$,常用单位有 N/m^2(帕,Pa) 和 MN/m^2(兆帕,MPa) 等。

由于面力集度 $\overline{\boldsymbol{f}}$ 是定义在每个接触点上的,面力集度 $\overline{\boldsymbol{f}}$ 是位置的函数,可写为:$\overline{\boldsymbol{f}}(x,y,z)$。

4.2　内力 —— 应力矢量

物体内部有力吗?我们知道物体是由许多点构成的,这些点之间是有接触的,我们上节讲到,有接触,必有力,所以,物体内部必然有力,称为内力。内力存在的根本原因是物体的任何点,包括表面上的点,总会与物体的其他点有接触。从这个意义上说,无论外力是大是小,是有是无,无论物体任何部位,在任何时候,内力总是存在的。

内力如何度量呢?我们知道物体每一点都受力,一般来讲,物体的受力是不均匀的,因此不可以对物体整体来谈内力度量,必须逐点进行。我们选定物体内的任意一点 P,为了显示 P 点的力,用一个经过 P 点的截面将物体截开成两部分,让 P 显露出来。如图 4-2 所示。截面将物体分成图示左右两部分 V^+ 和 V^-,在 V^+ 上截面的外法线为 $\boldsymbol{n}$,包围 P 点取一小邻域,面积为 ΔS,该面积上有分布的内力,设该组内力的主矢为 $\Delta \boldsymbol{P}$,定义 $\Delta \boldsymbol{P}/\Delta S$ 为该点的平均应力(矢量)。当 ΔS 趋于 0 时,该邻域趋于 P 点,平均应力趋于一个极限,记为 $\boldsymbol{p}_n$,称为该点的应力矢量:

$$\boldsymbol{p}_n = \lim_{\Delta S \to 0}(\Delta \boldsymbol{P}/\Delta S)$$

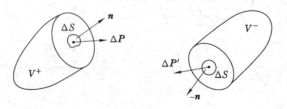

图 4-2

应力矢量的量纲同面力集度,$[力][长度]^{-2}$,常用单位有 N/m^2(帕,Pa) 和 MN/m^2(兆帕,MPa) 等。

应力矢量 $\boldsymbol{p}_n$ 通常沿截面的外法线和切线方向分解

$$p_n = \sigma_n \boldsymbol{n} + \tau_n \boldsymbol{s}$$

其中 σ_n 称为正应力，τ_n 称为切应力。$\boldsymbol{n}$ 是外法线，$\boldsymbol{s}$ 为截面内的一个单位矢量。由于 $\boldsymbol{n}$ 向外为正，所以 σ_n 向外为正，向内为负，即拉为正，压为负。

应力矢量 $\boldsymbol{p}_n$ 也可以(但不常用)沿坐标轴分解：

$$p_n = p_x \boldsymbol{i} + p_y \boldsymbol{j} + p_z \boldsymbol{k}$$

此时应力矢量的分量正负号依坐标轴来定，即与坐标轴正向一致为正，相反为负。

不常用的原因是，因为根据作用与反作用原理，应力矢量作为内力的度量总是成对出现的，它们大小相等，方向相反。因此，它们在坐标轴上的投影不一样，而是相反。这时仅仅给出三个应力分量还不足以明确应力矢量的方向，还需说明在左半部分还是右半部分观察才行，否则会有歧义。所以，沿坐标轴分解的方式我们一般不用，除非确信没有歧义。

应当指出，应力矢量不仅与点的位置有关，还和截面的法线方向有关，因此应力矢量不能认为是位置的函数。换句话说，仅仅给定点的位置，还不能确定应力矢量。

4.3 受力 —— 应力张量

4.3.1 一点的受力(应力)状态

应力矢量 $\boldsymbol{p}_n$ 是否能度量 P 点受力呢?答案是否定的。事实上，过 P 点的截面有无限多个，应力矢量 $\boldsymbol{p}_n$ 也有无限多个，因此某一个截面上的应力矢量并不能全面反映该点的受力状况。只有过 P 点的各个截面的应力矢量的全体集合才能完整地代表这点的受力状态。我们称该集合为一点的受力(应力)状态。

4.3.2 受力状态的代表 —— 应力张量

现在我们知道，搞清楚一点的受力就是要得到一点的应力状态。而一点的应力状态是无限多个矢量的集合，如何掌握和表达这个集合呢?这些矢量之间有没有关系呢?答案是肯定的。事实上，我们只需要知道其中 3 个面上的应力矢量即可通过平衡方程求出其余全部无数个应力矢量。这意味着我们只需要知道 3 个应力矢量 9 个分量即可掌握一点的应力状态。

通常我们选择 3 个坐标面上的应力矢量，共有 9 个分量作为该点应力状态的代表，如图 4-3 所示。

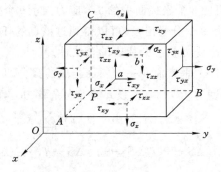

图 4-3

图 4-3 中，x 面上应力矢量的 3 个分量为 $\sigma_x,\tau_{xy},\tau_{xz}$；$y$ 面上应力矢量的 3 个分量为 σ_y，τ_{yx},τ_{yz}；z 面上应力矢量的 3 个分量为 $\sigma_z,\tau_{zx},\tau_{zy}$，把这 9 个分量排成矩阵的形式，行 1，2，3 代表 x,y,z 面，而列 1，2，3 代表 x,y,z 方向，有：

$$\begin{bmatrix} \sigma_x & \tau_{xy} & \tau_{xz} \\ \tau_{yx} & \sigma_y & \tau_{yz} \\ \tau_{zx} & \tau_{zy} & \sigma_z \end{bmatrix} \text{ 或 } \begin{bmatrix} \sigma_{xx} & \tau_{xy} & \tau_{xz} \\ \tau_{yx} & \sigma_{yy} & \tau_{yz} \\ \tau_{zx} & \tau_{zy} & \sigma_{zz} \end{bmatrix} \text{ 进一步 } \begin{bmatrix} \sigma_{xx} & \sigma_{xy} & \sigma_{xz} \\ \sigma_{yx} & \sigma_{yy} & \sigma_{yz} \\ \sigma_{zx} & \sigma_{zy} & \sigma_{zz} \end{bmatrix}$$

称为应力矩阵。

如果将 x,y,z 用 1，2，3 表示，引入张量记法

$$\begin{bmatrix} \sigma_{xx} & \sigma_{xy} & \sigma_{xz} \\ \sigma_{yx} & \sigma_{yy} & \sigma_{yz} \\ \sigma_{zx} & \sigma_{zy} & \sigma_{zz} \end{bmatrix} = \begin{bmatrix} \sigma_{11} & \sigma_{12} & \sigma_{13} \\ \sigma_{21} & \sigma_{22} & \sigma_{23} \\ \sigma_{31} & \sigma_{32} & \sigma_{33} \end{bmatrix} \equiv \sigma_{ij}(i,j=1,2,3)$$

可以证明，此 9 个分量在如此排列的情况下，构成一个二阶张量，σ_{ij} 称为应力张量。

一点的应力张量作为一点应力状态的代表，能完全表达该点的受力状态，是我们研究材料受力问题的基础。

应力张量是定义在物体的每个质点上的，因此应力张量是位置的函数 $\sigma_{ij}(x,y,z)$，称为物体的应力张量场，简称为应力场。

弹塑性力学的三大基本目标之一就是搞清楚物体的应力张量场。

图 4-3 还给出了另外 3 个面——负 x 面、负 y 面及负 z 面上的应力矢量的分量，尽管我们不需要这 3 个面，但我们也必须同时画出，因为只有负面的存在，正面才会被确认。

坐标面上的正应力与切应力的符号规定如下：正面上与坐标轴正向一致为正，负面上与坐标轴正向相反为正。简单地说就是：正面正为正，负面负为正。

根据切应力互等定理，应力张量是对称的张量，即 $\sigma_{ij}=\sigma_{ji}$，或者说应力矩阵是对称矩阵。

值得注意的是，一点的受力需要一个二阶的张量——应力张量来度量，所以在矢量中常用的概念如大小、方向，对二阶张量已经不适用了。我们不能简单地说一点应力张量的大小、方向。对于二阶张量来讲，如何理解和掌握它的性质，需要主应力、主方向、不变量等概念才行。我们后面会进一步研究。

4.3.3 任意斜截面上的应力矢量

应力张量是由互相垂直的 3 个坐标面上的 3 个应力矢量 9 个分量构成的，下面我们利用平衡方程，证明由这 3 个矢量 9 个分量出发，可以得到过该点的任意截面——斜截面上的应力矢量，从而证明应力张量是受力状态的代表的合法性。

如图 4-4 所示，考察由三个垂直面和一个斜面构成的微分四面体的平衡。除了图示的受力还有应受体力，设体力集度为 f_x,f_y,f_z。设 $\boldsymbol{n}$ 的方向余弦为 l_1,l_2,l_3，斜面的面积为 ΔS，则 3 个垂直面的面积分别为 $l_1\Delta S,l_2\Delta S,l_3\Delta S$。由平衡方程 $\sum X = 0$ 得

$$p_x\Delta S - \sigma_x l_1 \Delta S - \tau_{yx} l_2 \Delta S - \tau_{zx} l_3 \Delta S + f_x \cdot \frac{1}{3}\Delta S\Delta h = 0$$

其中 Δh 为微四面体的高，令 $\Delta h \to 0$，有

$$p_x = \sigma_x l_1 + \tau_{yx} l_2 + \tau_{zx} l_3$$

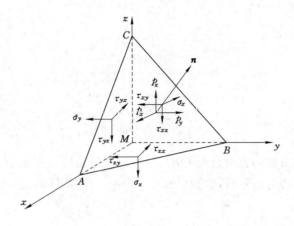

图 4-4

同理

$$p_y = \tau_{xy}l_1 + \sigma_y l_2 + \tau_{zy}l_3$$

$$p_z = \tau_{xz}l_1 + \tau_{yz}l_2 + \sigma_z l_3$$

这就是著名的 Cauchy 应力公式。只要知道应力张量，任意截面的应力矢量均可由此公式得到。这就证明了应力张量可以代表一点的应力状态。

使用矩阵，Cauchy 应力公式表示为

$$\begin{Bmatrix} p_x \\ p_y \\ p_z \end{Bmatrix} = \begin{bmatrix} \sigma_x & \tau_{xy} & \tau_{xz} \\ \tau_{yx} & \sigma_y & \tau_{yz} \\ \tau_{zx} & \tau_{zy} & \sigma_z \end{bmatrix} \begin{Bmatrix} l_1 \\ l_2 \\ l_3 \end{Bmatrix}$$

使用张量记法，Cauchy 应力公式表示为

$$p_i = \sigma_{ij}l_j$$

进一步，我们可以得到总应力 p_n，正应力 σ_n，切应力 τ_n 大小为

$$p_n = \sqrt{p_x^2 + p_y^2 + p_z^2}$$

$$\sigma_n = \boldsymbol{p}_n \cdot \boldsymbol{n} = \sigma_{ij}l_il_j = \sigma_x l_1^2 + \sigma_y l_2^2 + \sigma_z l_3^2 + 2\tau_{xy}l_1l_2 + 2\tau_{yz}l_2l_3 + 2\tau_{zx}l_3l_1$$

$$\tau_n = \sqrt{p_n^2 - \sigma_n^2}$$

4.4 主应力与不变量

4.4.1 主应力和主方向

定义：应力矢量的切应力分量为零的截面为主平面；其法线为主方向；其上的正应力为主应力。

主平面存在吗？如何求呢？

设 $\boldsymbol{n}$ 为主方向，它的方向余弦为 l_1, l_2, l_3，主应力矢量为 p_n，主应力为 σ，根据刚才的定义有

$$\boldsymbol{p}_n = \sigma\boldsymbol{n}$$

使用张量写法：

$$p_i = \sigma l_i$$

$$\sigma_{ij} l_j = \sigma l_i$$

$$(\sigma_{ij} - \sigma \delta_{ij}) l_j = 0$$

使用矩阵：

$$\begin{bmatrix} \sigma_x - \sigma & \tau_{xy} & \tau_{xz} \\ \tau_{yx} & \sigma_y - \sigma & \tau_{yz} \\ \tau_{zx} & \tau_{zy} & \sigma_z - \sigma \end{bmatrix} \begin{Bmatrix} l_1 \\ l_2 \\ l_3 \end{Bmatrix} = 0 \tag{4-1}$$

上式是一个以主方向的方向余弦 l_1, l_2, l_3 为未知量的线性齐次方程组，主方向是否存在取决于该方程组是否有非零解，根据线性代数理论，有非零解的充分必要条件为系数矩阵行列式为零

$$\begin{vmatrix} \sigma_x - \sigma & \tau_{xy} & \tau_{xz} \\ \tau_{yx} & \sigma_y - \sigma & \tau_{yz} \\ \tau_{zx} & \tau_{zy} & \sigma_z - \sigma \end{vmatrix} = 0$$

展开行列式得

$$\sigma^3 - I_1 \sigma^2 - I_2 \sigma - I_3 = 0 \tag{4-2}$$

式中

$$\left. \begin{aligned} I_1 &= \sigma_x + \sigma_y + \sigma_z \\ I_2 &= -(\sigma_x \sigma_y + \sigma_y \sigma_z + \sigma_z \sigma_x) + (\tau_{xy}^2 + \tau_{yz}^2 + \tau_{zx}^2) \\ I_3 &= \begin{vmatrix} \sigma_x & \tau_{xy} & \tau_{xz} \\ \tau_{yx} & \sigma_y & \tau_{yz} \\ \tau_{zx} & \tau_{zy} & \sigma_z \end{vmatrix} \end{aligned} \right\} \tag{4-3}$$

式(4-2)称为应力张量的特征方程。

特征方程(4-2)是一个关于主应力 σ 的 3 次代数方程，根据线性代数的特征值与特征向量理论，方程(4-2)一定有 3 个实根，记作 $\sigma_1, \sigma_2, \sigma_3$。这表明任意一点存在主应力，且有 3 个。

将 $\sigma_1, \sigma_2, \sigma_3$ 分别代入式(4-1)，这时式(4-1)不独立，考虑到方向余弦 l_1, l_2, l_3 应满足：

$$l_1^2 + l_2^2 + l_3^2 = 1 \tag{4-4}$$

联立式(4-1)与(4-4)可以分别求出对应于 σ_1 的 l_1, l_2, l_3；对应于 σ_2 的 l_1, l_2, l_3；对应于 σ_3 的 l_1, l_2, l_3。也就是存在 3 个主方向。

讨论到此，我们知道：任意一点都存在 3 个主应力、3 个主方向和 3 个主平面。

根据线性代数理论，我们知道：

(1) 若特征方程无重根，即 $\sigma_1 \neq \sigma_2 \neq \sigma_3$，则 3 个主方向互相垂直。

(2) 若特征方程有一个两重根，例如 $\sigma_1 = \sigma_2 \neq \sigma_3$，则与 σ_3 对应的主方向垂直的平面上任何方向都是主方向。

(3) 若特征方程有一个三重根，即 $\sigma_1 = \sigma_2 = \sigma_3$，此时任何方向都是主方向。

根据(1)、(2)、(3)的讨论，我们知道：任意一点至少存在 3 个互相垂直的主平面或主方向。

4.4.2　不变量

一点的应力张量的分量通常随坐标系的变换而改变，但 3 个主应力显然和坐标系的选

择无关,我们称这种与坐标系选择无关的量为坐标变换的不变量。由于主应力 σ_1, σ_2, σ_3 是由特征方程(4-2)决定的,因此方程(4-2)的 3 个系数 I_1, I_2, I_3 也是不变量。从代数方程的根与系数的关系我们知道 σ_1, σ_2, σ_3 与 I_1, I_2, I_3 是一一对应的,或者说它们两者是等价的。

我们知道一点的受力状态是由该点的应力张量 σ_{ij} 决定的。如果坐标系选为 3 个主方向,此时,应力张量为

$$\sigma_{ij} = \begin{pmatrix} \sigma_1 & 0 & 0 \\ 0 & \sigma_2 & 0 \\ 0 & 0 & \sigma_3 \end{pmatrix}$$

对于各向同性的材料而言,σ_1, σ_2, σ_3 三个数就能完全决定一点的受力状态。由于 σ_1, σ_2, σ_3 与 I_1, I_2, I_3 是一一对应的,所以我们得出结论:一点的受力状态完全由 I_1, I_2, I_3 决定。但有时 I_1, I_2, I_3 比主应力 σ_1, σ_2, σ_3 能更清楚地反映物体的受力状态。在后面我们会看到,在研究材料何时屈服的问题时,往往从 I_1, I_2, I_3 中更容易看出结果来。

I_1, I_2, I_3 分别称为应力张量的第一、第二、第三不变量。尽管 σ_1, σ_2, σ_3 与 I_1, I_2, I_3 都是坐标变换的不变量,但通常我们说不变量特指 I_1, I_2, I_3。

式(4-3)在主应力状态下可以简化为

$$\left. \begin{array}{l} I_1 = \sigma_1 + \sigma_2 + \sigma_3 \\ I_2 = -(\sigma_1\sigma_2 + \sigma_2\sigma_3 + \sigma_3\sigma_1) \\ I_3 = \sigma_1\sigma_2\sigma_3 \end{array} \right\} \tag{4-5}$$

式(4-3)可以使用张量记法改写成

$$\left. \begin{array}{l} I_1 = \sigma_{ii} \\ I_2 = -\dfrac{1}{2}(\sigma_{ii}\sigma_{kk} - \sigma_{ik}\sigma_{ki}) \\ I_3 = \in_{ijk}\sigma_{i1}\sigma_{j2}\sigma_{k3} \end{array} \right\} \tag{4-6}$$

4.5 应力偏张量及其不变量

根据 P. W. Bridgman(布里奇曼)的静水应力实验,发现金属材料在静水应力作用下材料是弹性响应,不会屈服,不产生塑性变形。于是,为了研究塑性变形,很自然地要把应力张量分解为不产生塑性变形的部分和产生塑性变形的部分。

定义平均应力:$\sigma_m = \dfrac{1}{3}(\sigma_{11} + \sigma_{22} + \sigma_{33})$,对于任何应力张量有

$$\begin{pmatrix} \sigma_{11} & \sigma_{12} & \sigma_{13} \\ \sigma_{21} & \sigma_{22} & \sigma_{23} \\ \sigma_{31} & \sigma_{32} & \sigma_{33} \end{pmatrix} = \begin{pmatrix} \sigma_m & 0 & 0 \\ 0 & \sigma_m & 0 \\ 0 & 0 & \sigma_m \end{pmatrix} + \begin{pmatrix} \sigma_{11} - \sigma_m & \sigma_{12} & \sigma_{13} \\ \sigma_{21} & \sigma_{22} - \sigma_m & \sigma_{23} \\ \sigma_{31} & \sigma_{32} & \sigma_{33} - \sigma_m \end{pmatrix}$$

使用张量写法:

$$\sigma_{ij} = \sigma_m\delta_{ij} + s_{ij}$$

其中

$$\delta_{ij} = \begin{pmatrix} 1 & 0 & 0 \\ 0 & 1 & 0 \\ 0 & 0 & 1 \end{pmatrix}$$

$$s_{ij} = \begin{bmatrix} \sigma_{11} - \sigma_{\mathrm{m}} & \sigma_{12} & \sigma_{13} \\ \sigma_{21} & \sigma_{22} - \sigma_{\mathrm{m}} & \sigma_{23} \\ \sigma_{31} & \sigma_{32} & \sigma_{33} - \sigma_{\mathrm{m}} \end{bmatrix}$$

$\sigma_{\mathrm{m}}\delta_{ij}$ 表示各方向承受相同力的静水应力状态,称为应力球张量,对于金属材料而言它不产生塑性变形。

s_{ij} 为原应力张量 σ_{ij} 减去静水应力后剩余的部分,称为应力偏张量,对于金属材料而言,塑性变形全由它产生。正因为如此,应力偏张量 s_{ij} 在塑性力学中有特别重要的作用,我们有必要认真研究它。

首先我们应该知道 s_{ij} 也是一种应力状态,只不过它的 3 个正应力之和为零,或者说平均应力为零。它也有主应力称为主偏应力。显然有

$$s_1 = \sigma_1 - \sigma_{\mathrm{m}}, \; s_2 = \sigma_2 - \sigma_{\mathrm{m}}, \; s_3 = \sigma_3 - \sigma_{\mathrm{m}}$$

应力偏张量也有 3 个不变量:

$$\left. \begin{aligned} J_1 &= s_1 + s_2 + s_3 = 0 \\ J_2 &= -(s_1 s_2 + s_2 s_3 + s_3 s_1) = \frac{1}{2}(s_1^2 + s_2^2 + s_3^2) \\ J_3 &= s_1 s_2 s_3 \end{aligned} \right\}$$

其中应力偏张量的第二不变量 J_2 今后用得最多,它常用的表达式还有:

$$J_2 = \frac{1}{2}(s_{11}^2 + s_{22}^2 + s_{33}^2 + 2s_{12}^2 + 2s_{23}^2 + 2s_{31}^2)$$

$$J_2 = \frac{1}{2} s_{ij} s_{ij}$$

$$J_2 = \frac{1}{6}\left[(\sigma_1 - \sigma_2)^2 + (\sigma_2 - \sigma_3)^2 + (\sigma_3 - \sigma_1)^2\right]$$

$$J_2 = \frac{1}{3}(\sigma_1^2 + \sigma_2^2 + \sigma_3^2 - \sigma_1\sigma_2 - \sigma_2\sigma_3 - \sigma_3\sigma_1)$$

后面在讲屈服条件时我们会看到 J_2 的重要性。至于 J_3 我们注意到只要 3 个主偏应力中有一个为零,无论其他的分量多大,都有 $J_3 = 0$,这暗示 J_3 在屈服条件中不可能起决定性作用。

虽然应力张量分解的思路来源于金属材料的静水实验,对其他材料如岩土是不适用的,静水应力也会产生塑性变形,但研究岩土时,应力张量分解为球张量和偏张量依然对我们有帮助,后面我们讨论岩土材料时可以看到。

鉴于 J_2 的重要性,下面介绍几个与 J_2 有关的概念。

(1) 等效应力 $\bar{\sigma}$

简单拉伸时,$\sigma_1 = \sigma$, $\sigma_2 = \sigma_3 = 0$,此时 $J_2 = \frac{1}{3}\sigma^2$,即 $\sigma = \sqrt{3J_2}$。

对于任意应力状态定义 $\bar{\sigma} = \sqrt{3J_2}$,称为等效应力,又称为应力强度。

(2) 等效剪应力 $\bar{\tau}$

纯剪切时,$\sigma_1 = \tau$, $\sigma_2 = 0$, $\sigma_3 = -\tau$,此时 $J_2 = \tau^2$,即 $\tau = \sqrt{J_2}$。

对于任意应力状态定义 $\bar{\tau} = \sqrt{J_2}$,称为等效剪应力,又称为剪应力强度。

（3）八面体剪应力 τ_8

以 3 个主应力轴为坐标系，等斜面定义为与 3 个坐标轴夹角均相等的平面。其方向余弦为 $|l_1| = |l_2| = |l_3| = \dfrac{1}{\sqrt{3}}$，因此等斜面不是一个，应有 8 个，所以等斜面又称为八面体面，见图 4-5。

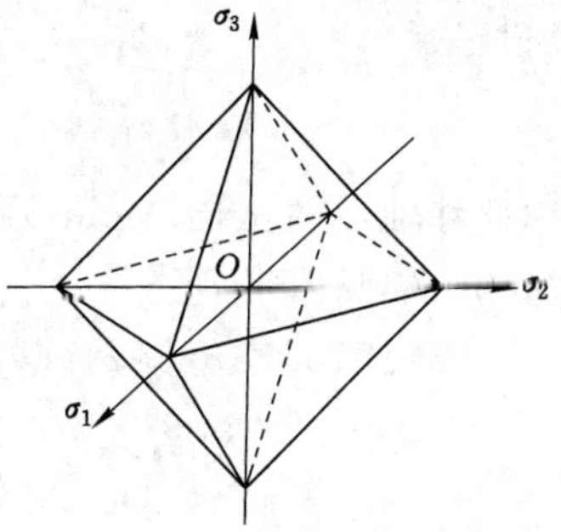

八面体面上的应力矢量

$$p_8 = \frac{1}{\sqrt{3}}(\sigma_1, \sigma_2, \sigma_3)$$

八面体面上的正应力

$$\sigma_8 = \frac{1}{3}(\sigma_1 + \sigma_2 + \sigma_3)$$

图 4-5

八面体面上的剪应力

$$\tau_8 = \sqrt{p_8^2 - \sigma_8^2} = \frac{1}{3}\sqrt{(\sigma_1 - \sigma_2)^2 + (\sigma_2 - \sigma_3)^2 + (\sigma_3 - \sigma_1)^2} = \sqrt{\frac{2}{3}J_2}$$

4.6 三向 Mohr 圆和罗德应力参数

在材料力学中，二向应力状态可以用 Mohr 圆来分析，对于三向应力状态，同样可以用 3 向应力 Mohr 圆来分析。在 σ-τ 平面上以 $P_1(\sigma_1, 0)$，$P_2(\sigma_2, 0)$，$P_3(\sigma_3, 0)$ 三点中的任意两点为直径的两端可以作出 3 个应力 Mohr 圆，如图 4-6 所示。由图可知：

$$\frac{1}{2}P_1 P_2 = \frac{1}{2}(\sigma_1 - \sigma_2) = \tau_3$$

$$\frac{1}{2}P_2 P_3 = \frac{1}{2}(\sigma_2 - \sigma_3) = \tau_1$$

$$\frac{1}{2}P_3 P_1 = \frac{1}{2}(\sigma_3 - \sigma_1) = \tau_2$$

其中 τ_1, τ_2, τ_3 称为主剪应力，3 个主剪应力中最大的那个称为最大剪应力 $\tau_{\max}$。若规定 $\sigma_1 > \sigma_2 > \sigma_3$，则有：

$$\tau_{\max} = \frac{1}{2}(\sigma_1 - \sigma_3)$$

可以证明，任意斜截面上的正应力与剪应力必然对应于图 4-6 中的阴影区域中的某一点。

如果在已知的应力状态基础上叠加上一个静水应力，其效果仅仅使 3 个 Mohr 圆一起沿 σ 轴平移一个距离，并不改变 3 个 Mohr 圆的大小及相对关系。因此依据静水试验，τ 轴的位置与屈服及塑性变形无关，决定屈服及塑性变形的只是 3 个 Mohr 圆的大小及相对关系。

如果将 τ 轴平移到 O'，并使 $OO' = \dfrac{1}{3}(\sigma_1 + \sigma_2 + \sigma_3) = \sigma_m$，则此时：

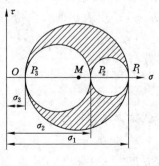

图 4-6

$$O'P_1 = \sigma_1 - \sigma_\mathrm{m} = s_1$$

$$O'P_2 = \sigma_2 - \sigma_\mathrm{m} = s_2$$

$$O'P_3 = \sigma_3 - \sigma_\mathrm{m} = s_3$$

因此移轴后的三向 Mohr 圆正是描述应力偏张量的三向 Mohr 圆,见图 4-7。

图 4-7

若规定 $\sigma_1 > \sigma_2 > \sigma_3$,以 M 点表示线段 P_1P_3 的中点,则

$$MP_1 = \tau_\mathrm{max} = \frac{1}{2}(\sigma_1 - \sigma_3)$$

$$MP_2 = \frac{1}{2}(2\sigma_2 - \sigma_1 - \sigma_3)$$

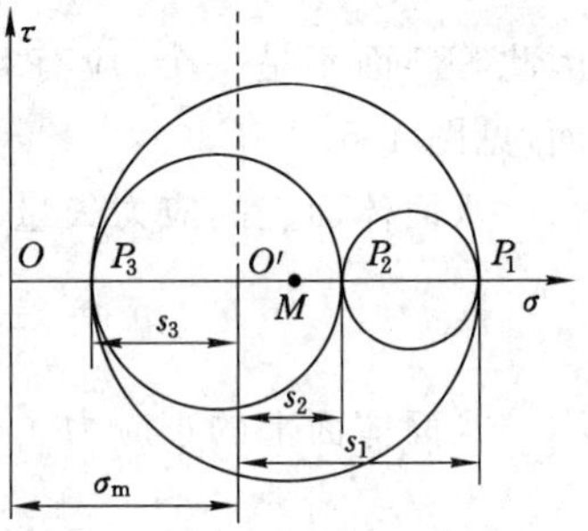

为了定量地描述 3 个 Mohr 圆的相对关系,Lode 在 1925 年引入一个重要的参数 μ_σ,称为 Lode 应力参数:

$$\mu_\sigma = \frac{MP_2}{MP_1} = \frac{2\sigma_2 - \sigma_1 - \sigma_3}{\sigma_1 - \sigma_3} = \frac{2s_2 - s_1 - s_3}{s_1 - s_3}$$

显然有 $-1 \leqslant \mu_\sigma \leqslant 1$。

Lode 应力参数定量地揭示了 3 个 Mohr 圆的相对关系,μ_σ 相同则三向 Mohr 圆相似。事实上 Lode 应力参数 μ_σ 给出了"复杂"应力状态的一种分类方法,Lode 应力参数一样的应力状态我们可以称为是一类。例如:

单向拉伸:$\sigma_1 \geqslant 0, \sigma_2 = \sigma_3 = 0$,则 $\mu_\sigma = -1$;

纯剪切:$\sigma_1 = -\sigma_3 \geqslant 0, \sigma_2 = 0$,则 $\mu_\sigma = 0$;

单向压缩:$\sigma_1 = \sigma_2 = 0, \sigma_3 \leqslant 0$,则 $\mu_\sigma = 1$。

由于 Lode 应力参数只与 P_1, P_2, P_3 三点的相对位置有关,而与坐标原点的选择无关,所以 μ_σ 是描述应力偏张量的一个特征值。

4.7　应力空间与主应力空间

一点的应力张量有 9 个应力分量,以它们为 9 个坐标轴就得到了 9 维应力空间。考虑到 9 个应力分量中仅有 6 个是独立的,所以又可以用一个 6 维应力空间来描述一点的应力状态。一点的应力状态可以用 9 维或 6 维应力空间中的一个点来表示。应力空间中的任一点都表示一个应力状态。由于我们讨论的是各向同性物体,它的力学行为与空间方向无关,只需要考虑主应力的大小,而不用考虑主方向,这样我们就可以采用主应力空间。它是以 $\sigma_1, \sigma_2, \sigma_3$ 为坐标轴的三维空间,这个空间中的一个点,就确定了主应力 $\sigma_1, \sigma_2, \sigma_3$ 所表示的一个应力状态。

在主应力空间中,有两个重要的子空间 L 直线和 π 平面,见图 4-8。

(1) L 直线

L 直线是主应力空间中过原点并与坐标轴成等角的直线。其方程为 $\sigma_1 = \sigma_2 = \sigma_3$。显然 L 直线上的点代表物体承受静水应力的受力状态。这样的应力状态将不产生塑性变形。

(2) π 平面

π 平面是主应力空间中过原点而与 L 直线相垂直的平面。其方程为 $\sigma_1 + \sigma_2 + \sigma_3 = 0$。显然 π 平面上的点对应于只有应力偏张量,不引起体积变形的受力状态。

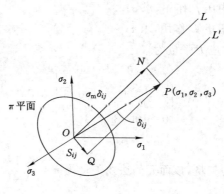

图 4-8

一般来说,主应力空间中的任意一点 P 所确定的向量 $\boldsymbol{OP}$,总可以分解为

$$\boldsymbol{OP} = \boldsymbol{ON} + \boldsymbol{OQ}$$

其中 $\boldsymbol{ON}$ 是 $\boldsymbol{OP}$ 在 L 直线上的分量,$\boldsymbol{OQ}$ 是 $\boldsymbol{OP}$ 在 π 平面上的分量。容易计算出 N 点坐标为(σ_{m},σ_{m},σ_{m}),Q 点坐标为(s_1,s_2,s_3)。这样任意应力状态就被分解为两部分,分别对应于应力球张量和应力偏张量。后面会看到,$\boldsymbol{OQ}$ 的大小与应力偏张量的第二不变量 J_2 有关,而 $\boldsymbol{OQ}$ 的方向与 Lode 应力参数 μ_σ 有关。

习　　题

4.1　证明下列等式:

(1) $J_2 = I_2 + \dfrac{1}{3}I_1^2$

(2) $\dfrac{\partial J_2}{\partial \sigma_{ij}} = \dfrac{\partial J_2}{\partial s_{ij}} = s_{ij}$

(3) $J_3 = I_3 + \dfrac{1}{3}I_1 I_2 + \dfrac{2}{27}I_1^3$

4.2　设 $\sigma_1 \geqslant \sigma_2 \geqslant \sigma_3$,证明:$\dfrac{\tau_8}{\tau_{\max}} = \dfrac{\sqrt{2(3+\mu_\sigma^2)}}{3}$,且此值介于 $0.816 \sim 0.943$ 之间。

4.3　物体内某点的应力张量为

$$\begin{bmatrix} 10 & 0 & -10 \\ 0 & -10 & 0 \\ -10 & 0 & 10 \end{bmatrix} \mathrm{MPa}$$

求主应力、3 个应力不变量和 3 个偏应力不变量。

4.4　物体中某一点的应力张量为

$$\begin{bmatrix} 50 & 0 & 0 \\ 0 & 50 & 0 \\ 0 & 0 & -100 \end{bmatrix} \mathrm{MPa}$$

试求该点的八面体面上的总应力、正应力 σ_8 和剪应力 τ_8。

4.5　一薄圆管,半径为 R,壁厚为 h。

（1）受轴向拉力 P 和内压 p 作用，求 $\bar{\sigma}$；

（2）受轴向拉力 P 和扭矩 T 作用，求 $\bar{\tau}$。

4.6　物体中某一点的应力张量为

$$
\sigma_{ij} = \begin{bmatrix} 0 & 0 & 0 \\ 0 & 300 & 100\sqrt{3} \\ 0 & 100\sqrt{3} & 100 \end{bmatrix} \text{MPa}
$$

求：

（1）面积单元上的应力矢量，该面元的法线矢量为 $\boldsymbol{n} = \left(\dfrac{1}{2}, \dfrac{1}{2}, \dfrac{1}{\sqrt{2}} \right)$；

（2）主应力；

（3）应力主轴的方向；

（4）八面体应力矢量；

（5）最大剪应力。

4.7　证明：应力张量的主方向与其应力偏张量的主方向一致。

第 5 章 应变分析

5.1 变形与应变张量

5.1.1 相对位移矢量

我们前面讨论了物体受力的描述,我们知道,对于物体受力必须使用应力张量逐点描述,也就是应力张量场。现在我们要讨论物体的变形如何描述。首先我们定义何为物体变形,这要从刚体的定义谈起,我们知道刚体可以定义为:任意两点之间的距离不变。因此变形可以定义为:两点的距离有改变的运动(位移)。根据这个定义,没有运动(位移)就没有变形,但有位移,未必有变形,甚至有相对位移也未必有变形,如刚体转动,虽然有相对位移,但没有变形。

物体产生变形可以有多种原因,受外力会变形,不受外力只受内力也会变形,甚至不受任何力也会发生变形,如热胀冷缩。本章重点讨论物体变形的描述,至于物体变形的原因,我们在后面章节中讨论。

变形可以分为与时间无关的变形,如弹性变形、塑性变形;与时间有关的变形,如蠕变、松弛等,本章讨论与时间无关的弹塑性小变形。

设有一个弹塑性体,如图 5-1 所示。图中实线轮廓为变形前的状态,虚线为变形后的状态。物体中的 A 和 B,变形后位置为 A' 和 B'。物体上各点的位移可以用坐标轴上的分量 u,v,w 表示。物体各点的位移一般是不同的,故位移分量 u,v,w 应为位置坐标的函数,即 $u = u(x,y,z), v = v(x,y,z), w = w(x,y,z)$,称为物体的位移场。

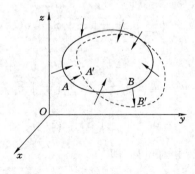

图 5-1

显然,物体的位移场决定物体变形的一切信息。下面试图通过对位移的分析来找到物体变形的描述方法。

为了简单起见,我们以平面情形来开始讨论,然后再推广到一般的三维情况。设在 Oxy

平面内考察以 P_0 点为核心的运动情况，P 点代表 P_0 点的"邻域"内的任意一点。运动使 P_0 到了 P'_0，P 到了 P'，根据图 5-2，有几个基本概念需要明确：

（1）位置

每个点每个时刻都有位置。

初始位置：$P_0(x_0, y_0)$，$P(x, y)$；

末了位置：$P'_0(x'_0, y'_0)$，$P'(x', y')$。

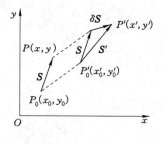

（2）相对位置

P 点相对 P_0 点的位置，不同时刻有不同的相对位置。

初始相对位置：$\boldsymbol{S} = P_0P = P - P_0 = (x - x_0, y - y_0) = (S_x, S_y)$；

图 5-2

末了相对位置：$\boldsymbol{S}' = P'_0P' = P' - P'_0 = (x', y') - (x'_0, y'_0) = (x' - x'_0, y' - y'_0)$。

可见相对位置就是两点相同时刻的位置之差。

（3）位移

P_0 位移：$(u_0, v_0) = P_0P'_0 = (x'_0, y'_0) - (x_0, y_0) = (x'_0 - x_0, y'_0 - y_0)$；

P 位移：$(u, v) = PP' = (x', y') - (x, y) = (x' - x, y' - y)$。

可见位移就是同一点不同时刻的位置之差。

（4）相对位移矢量

相对位移矢量指两点相同时间段内的位移之差。

P 相对 P_0 的位移：$(u, v) - (u_0, v_0) = \delta\boldsymbol{S} = \boldsymbol{S}' - \boldsymbol{S}$。

从图 5-2 可见，相对位移矢量也等于末了相对位置与初始相对位置之差。

5.1.2 相对位移张量

位移分量 (u, v) 显然是位置的函数，即 $u = u(x, y)$，$v = v(x, y)$，我们假定位移函数单值且具有三阶连续导数。由泰勒展开：

$$u = u_0 + \left(\frac{\partial u}{\partial x}\right)_0 S_x + \left(\frac{\partial u}{\partial y}\right)_0 S_y + o(S_x^2, S_y^2)$$

$$v = v_0 + \left(\frac{\partial v}{\partial x}\right)_0 S_x + \left(\frac{\partial v}{\partial y}\right)_0 S_y + o(S_x^2, S_y^2)$$

考虑 P 在 P_0 的邻域内，有

$$u = u_0 + \left(\frac{\partial u}{\partial x}\right)_0 S_x + \left(\frac{\partial u}{\partial y}\right)_0 S_y$$

$$v = v_0 + \left(\frac{\partial v}{\partial x}\right)_0 S_x + \left(\frac{\partial v}{\partial y}\right)_0 S_y$$

将 u_0, v_0 移至等号左边，得相对位移，即

$$\delta S_x = u - u_0 = \left(\frac{\partial u}{\partial x}\right)_0 S_x + \left(\frac{\partial u}{\partial y}\right)_0 S_y$$

$$\delta S_y = v - v_0 = \left(\frac{\partial v}{\partial x}\right)_0 S_x + \left(\frac{\partial v}{\partial y}\right)_0 S_y$$

写成矩阵形式：

$$\begin{Bmatrix} \delta S_x \\ \delta S_y \end{Bmatrix} = \begin{bmatrix} \dfrac{\partial u}{\partial x} & \dfrac{\partial u}{\partial y} \\ \dfrac{\partial v}{\partial x} & \dfrac{\partial v}{\partial y} \end{bmatrix}_{P_0} \begin{Bmatrix} S_x \\ S_y \end{Bmatrix}$$

在三维情况下

$$\begin{Bmatrix} \delta S_x \\ \delta S_y \\ \delta S_z \end{Bmatrix} = \begin{bmatrix} \dfrac{\partial u}{\partial x} & \dfrac{\partial u}{\partial y} & \dfrac{\partial u}{\partial z} \\ \dfrac{\partial v}{\partial x} & \dfrac{\partial v}{\partial y} & \dfrac{\partial v}{\partial z} \\ \dfrac{\partial w}{\partial x} & \dfrac{\partial w}{\partial y} & \dfrac{\partial w}{\partial z} \end{bmatrix}_{P_0} \begin{Bmatrix} S_x \\ S_y \\ S_z \end{Bmatrix} \tag{5-1}$$

令

$$u_{i,j} = \begin{bmatrix} \dfrac{\partial u}{\partial x} & \dfrac{\partial u}{\partial y} & \dfrac{\partial u}{\partial z} \\ \dfrac{\partial v}{\partial x} & \dfrac{\partial v}{\partial y} & \dfrac{\partial v}{\partial z} \\ \dfrac{\partial w}{\partial x} & \dfrac{\partial w}{\partial y} & \dfrac{\partial w}{\partial z} \end{bmatrix} \tag{5-2}$$

$u_{i,j}$ 称为相对位移张量(矩阵)。它是定义在 P_0 点上的张量矩阵,与 P 点无关,可以说 $u_{i,j}$ 相对位移矩阵决定了 P_0 周围各点的相对位移矢量 δS,或者说 $u_{i,j}$ 代表了相对位移矢量。

5.1.3 刚性转动张量

位移可以分为两种,刚性位移和变形位移。而刚性位移又可分为平动位移和转动位移。对于相对位移而言,刚性的平动位移自然是不存在的,所以相对位移是由刚性转动位移和变形位移构成的。换句话说,只需要在相对位移中想办法减去刚性转动位移,剩余的就是变形位移。为此我们研究刚性转动位移的计算方法。

我们分析什么样的相对位移矩阵才能只产生刚性转动位移而不产生变形位移。假设现在只有刚性转动位移,没有变形位移,设物体沿转动轴的转动角速度矢量为 $\boldsymbol{\omega}$,运动时间为 $\mathrm{d}t$,则根据刚体运动学,P 相对 P_0 的转动位移矢量

$$\delta S = \boldsymbol{\omega}\mathrm{d}t \times S$$

而

$$\delta S = (u - u_0)\boldsymbol{i} + (v - v_0)\boldsymbol{j} + (w - w_0)\boldsymbol{k}$$

即

$$(u - u_0)\boldsymbol{i} + (v - v_0)\boldsymbol{j} + (w - w_0)\boldsymbol{k} = \boldsymbol{\omega}\mathrm{d}t \times S$$

为了找到 $\boldsymbol{\omega}\mathrm{d}t$ 与位移的关系,引入拉普拉斯(Laplace)算子 $\nabla = \dfrac{\partial}{\partial x}\boldsymbol{i} + \dfrac{\partial}{\partial y}\boldsymbol{j} + \dfrac{\partial}{\partial z}\boldsymbol{k}$

$$\nabla \times [(u - u_0)\boldsymbol{i} + (v - v_0)\boldsymbol{j} + (w - w_0)\boldsymbol{k}] = \nabla \times (\boldsymbol{\omega} \times S)\mathrm{d}t$$

$$\nabla \times (u\boldsymbol{i} + v\boldsymbol{j} + w\boldsymbol{k}) = [(\nabla \cdot S)\boldsymbol{\omega} - (\boldsymbol{\omega} \cdot \nabla)S]\mathrm{d}t$$

$$\nabla \times (u\boldsymbol{i} + v\boldsymbol{j} + w\boldsymbol{k}) = \left[3\boldsymbol{\omega} - \left(\omega_x\dfrac{\partial}{\partial x} + \omega_y\dfrac{\partial}{\partial y} + \omega_z\dfrac{\partial}{\partial z}\right)(x\boldsymbol{i} + y\boldsymbol{j} + z\boldsymbol{k})\right]\mathrm{d}t$$

$$\nabla \times (u\boldsymbol{i} + v\boldsymbol{j} + w\boldsymbol{k}) = (3\boldsymbol{\omega} - \boldsymbol{\omega})\mathrm{d}t$$

$$\boldsymbol{\omega}\mathrm{d}t = \dfrac{1}{2}\nabla \times (u\boldsymbol{i} + v\boldsymbol{j} + w\boldsymbol{k})$$

展开右边：

$$\boldsymbol{\omega} dt = \frac{1}{2}\left(\frac{\partial w}{\partial y} - \frac{\partial v}{\partial z}\right)\boldsymbol{i} + \frac{1}{2}\left(\frac{\partial u}{\partial z} - \frac{\partial w}{\partial x}\right)\boldsymbol{j} + \frac{1}{2}\left(\frac{\partial v}{\partial x} - \frac{\partial u}{\partial y}\right)\boldsymbol{k}$$

$$= \omega_x dt\boldsymbol{i} + \omega_y dt\boldsymbol{j} + \omega_z dt\boldsymbol{k}$$

$$\delta\boldsymbol{S} = \boldsymbol{\omega} dt \times \boldsymbol{S} = \begin{vmatrix} \boldsymbol{i} & \boldsymbol{j} & \boldsymbol{k} \\ \omega_x dt & \omega_y dt & \omega_z dt \\ S_x & S_y & S_z \end{vmatrix}$$

$$\delta\boldsymbol{S} = (\omega_y dt S_z - \omega_z dt S_y)\boldsymbol{i} + (\omega_z dt S_x - \omega_x dt S_z)\boldsymbol{j} + (\omega_x dt S_y - \omega_y dt S_x)\boldsymbol{k}$$

使用矩阵形式：

$$\begin{Bmatrix} \delta S_x \\ \delta S_y \\ \delta S_z \end{Bmatrix} = \begin{bmatrix} 0 & -\omega_z dt & \omega_y dt \\ \omega_z dt & 0 & -\omega_x dt \\ -\omega_y dt & \omega_x dt & 0 \end{bmatrix} \begin{Bmatrix} S_x \\ S_y \\ S_z \end{Bmatrix}$$

$$\begin{Bmatrix} \delta S_x \\ \delta S_y \\ \delta S_z \end{Bmatrix} = \begin{bmatrix} 0 & -\frac{1}{2}\left(\frac{\partial v}{\partial x} - \frac{\partial u}{\partial y}\right) & \frac{1}{2}\left(\frac{\partial u}{\partial z} - \frac{\partial w}{\partial x}\right) \\ \frac{1}{2}\left(\frac{\partial v}{\partial x} - \frac{\partial u}{\partial y}\right) & 0 & -\frac{1}{2}\left(\frac{\partial w}{\partial y} - \frac{\partial v}{\partial z}\right) \\ -\frac{1}{2}\left(\frac{\partial u}{\partial z} - \frac{\partial w}{\partial x}\right) & \frac{1}{2}\left(\frac{\partial w}{\partial y} - \frac{\partial v}{\partial z}\right) & 0 \end{bmatrix} \begin{Bmatrix} S_x \\ S_y \\ S_z \end{Bmatrix}$$

令：

$$\omega_{ij} = \begin{bmatrix} 0 & -\frac{1}{2}\left(\frac{\partial v}{\partial x} - \frac{\partial u}{\partial y}\right) & \frac{1}{2}\left(\frac{\partial u}{\partial z} - \frac{\partial w}{\partial x}\right) \\ \frac{1}{2}\left(\frac{\partial v}{\partial x} - \frac{\partial u}{\partial y}\right) & 0 & -\frac{1}{2}\left(\frac{\partial w}{\partial y} - \frac{\partial v}{\partial z}\right) \\ -\frac{1}{2}\left(\frac{\partial u}{\partial z} - \frac{\partial w}{\partial x}\right) & \frac{1}{2}\left(\frac{\partial w}{\partial y} - \frac{\partial v}{\partial z}\right) & 0 \end{bmatrix}$$

写成张量形式：

$$\omega_{ij} = \frac{1}{2}(u_{i,j} - u_{j,i})$$

称 ω_{ij} 为刚性转动位移张量（矩阵）。显然 ω_{ij} 是反对称的。即：

$$\omega_{ij} = -\omega_{ji}$$

5.1.4 应变张量

拿相对位移张量减去刚性转动位移张量就得到了决定变形的张量，称为应变张量：

$$\varepsilon_{ij} = u_{i,j} - \omega_{ij} = \frac{1}{2}(u_{i,j} + u_{j,i}) \tag{5-3}$$

显然应变张量 ε_{ij} 是对称的，即：

$$\varepsilon_{ij} = \varepsilon_{ji}$$

将应变张量 ε_{ij} 展开成矩阵分量的形式，有：

$$\varepsilon_{ij} = \begin{bmatrix} \frac{\partial u}{\partial x} & \frac{1}{2}\left(\frac{\partial u}{\partial y} + \frac{\partial v}{\partial x}\right) & \frac{1}{2}\left(\frac{\partial u}{\partial z} + \frac{\partial w}{\partial x}\right) \\ \frac{1}{2}\left(\frac{\partial u}{\partial y} + \frac{\partial v}{\partial x}\right) & \frac{\partial v}{\partial y} & \frac{1}{2}\left(\frac{\partial v}{\partial z} + \frac{\partial w}{\partial y}\right) \\ \frac{1}{2}\left(\frac{\partial u}{\partial z} + \frac{\partial w}{\partial x}\right) & \frac{1}{2}\left(\frac{\partial v}{\partial z} + \frac{\partial w}{\partial y}\right) & \frac{\partial w}{\partial z} \end{bmatrix} \tag{5-4}$$

$$\left.\begin{array}{l} \varepsilon_x = \dfrac{\partial u}{\partial x}, \varepsilon_{xy} = \dfrac{1}{2}\left(\dfrac{\partial u}{\partial y} + \dfrac{\partial v}{\partial x}\right) \\[3mm] \varepsilon_y = \dfrac{\partial v}{\partial y}, \varepsilon_{yz} = \dfrac{1}{2}\left(\dfrac{\partial v}{\partial z} + \dfrac{\partial w}{\partial y}\right) \\[3mm] \varepsilon_z = \dfrac{\partial w}{\partial z}, \varepsilon_{zx} = \dfrac{1}{2}\left(\dfrac{\partial u}{\partial z} + \dfrac{\partial w}{\partial x}\right) \end{array}\right\} \tag{5-5}$$

上式称为几何方程或应变位移方程,又叫 Cauchy 公式,是弹塑性力学中的三大基本方程组之一。

应变张量 ε_{ij} 决定了变形,事实上 ε_{ij} 就是物体变形的代表和变形的度量。注意到应变张量 ε_{ij} 是定义在 P_0 点的,因此 ε_{ij} 是 P_0 点的变形度量,与物体的受力必须使用应力张量 σ_{ij} 逐点度量相同,物体的变形也只能使用应变张量 ε_{ij} 逐点度量,定量地谈物体整体的变形是没有意义的。

应变张量 ε_{ij} 是对称的,因此 9 个分量只有 6 个是独立的。由于变形是由二阶张量来度量的。我们知道,对于 0 阶张量即标量而言,"大小"就是它的全部含义;对于 1 阶张量即矢量而言,仅仅谈"大小"是不够的,还有"方向"。但对于 2 阶张量而言,我们不能用"大小""方向"来谈,我们要用"主值""主方向""不变量"等概念来描述二阶张量的特性。因此我们不能简单地说变形的"大"或"小",也不能简单地谈变形的"方向"。

5.2　应变张量分量的力学解释

应变张量 ε_{ij} 有 9 个分量

$$\varepsilon_{ij} = \begin{bmatrix} \varepsilon_{11} & \varepsilon_{12} & \varepsilon_{13} \\ \varepsilon_{21} & \varepsilon_{22} & \varepsilon_{23} \\ \varepsilon_{31} & \varepsilon_{32} & \varepsilon_{33} \end{bmatrix} = \begin{bmatrix} \varepsilon_x & \varepsilon_{xy} & \varepsilon_{xz} \\ \varepsilon_{yx} & \varepsilon_y & \varepsilon_{yz} \\ \varepsilon_{zx} & \varepsilon_{zy} & \varepsilon_z \end{bmatrix}$$

由于对称性,$\varepsilon_{xy} = \varepsilon_{yx}$,$\varepsilon_{xz} = \varepsilon_{zx}$,$\varepsilon_{yz} = \varepsilon_{zy}$,$\varepsilon_{ij}$ 只有 6 个独立分量,其中有 3 个在主对角线上,3 个不在对角线上。

我们下面要证明:主对角线上的元素就是我们熟知的线应变,而非对角线上的元素为我们熟知的工程剪应变的一半。

为了简单起见,我们把坐标原点放在 P_0 点,在 3 个坐标轴任选 3 个点 P_1、P_2、P_3,这 3 个点都在 P_0 点的邻域内,即与 P_0 点无限靠近。不考虑刚性位移,只有变形位移。开始时,3 个点的位置坐标为 $P_1(S_1,0,0)$,$P_2(0,S_2,0)$,$P_3(0,0,S_3)$。这样我们得到了以坐标原点 P_0 为公共点沿坐标轴的 3 个互相垂直的线段。

变形后,P_0 点仍然是原点不变。根据应变张量的意义有 P_1 点的相对位移:

$$\begin{bmatrix} \delta S_{1x} \\ \delta S_{1y} \\ \delta S_{1z} \end{bmatrix} = \begin{bmatrix} \varepsilon_x & \varepsilon_{xy} & \varepsilon_{xz} \\ \varepsilon_{yx} & \varepsilon_y & \varepsilon_{yz} \\ \varepsilon_{zx} & \varepsilon_{zy} & \varepsilon_z \end{bmatrix} \begin{bmatrix} S_1 \\ 0 \\ 0 \end{bmatrix} = \begin{bmatrix} \varepsilon_x \\ \varepsilon_{yx} \\ \varepsilon_{zx} \end{bmatrix} S_1$$

变形后 P'_1 点的坐标为:$(S_1 \quad 0 \quad 0) + (\delta S_{1x} \quad \delta S_{1y} \quad \delta S_{1z}) = (1 + \varepsilon_x \quad \varepsilon_{yx} \quad \varepsilon_{zx}) S_1$

P_2 点的相对位移:

$$\begin{bmatrix} \delta S_{2x} \\ \delta S_{2y} \\ \delta S_{2z} \end{bmatrix} = \begin{bmatrix} \varepsilon_x & \varepsilon_{xy} & \varepsilon_{xz} \\ \varepsilon_{yx} & \varepsilon_y & \varepsilon_{yz} \\ \varepsilon_{zx} & \varepsilon_{zy} & \varepsilon_z \end{bmatrix} \begin{bmatrix} 0 \\ S_2 \\ 0 \end{bmatrix} = \begin{bmatrix} \varepsilon_{xy} \\ \varepsilon_y \\ \varepsilon_{zy} \end{bmatrix} S_2$$

变形后 P'_2 点的坐标为：$(0 \quad S_2 \quad 0) + (\delta S_{2x} \quad \delta S_{2y} \quad \delta S_{2z}) = (\varepsilon_{xy} \quad 1+\varepsilon_y \quad \varepsilon_{zy}) S_2$

P_3 点的相对位移：

$$\begin{bmatrix} \delta S_{3x} \\ \delta S_{3y} \\ \delta S_{3z} \end{bmatrix} = \begin{bmatrix} \varepsilon_x & \varepsilon_{xy} & \varepsilon_{xz} \\ \varepsilon_{yx} & \varepsilon_y & \varepsilon_{yz} \\ \varepsilon_{zx} & \varepsilon_{zy} & \varepsilon_z \end{bmatrix} \begin{bmatrix} 0 \\ 0 \\ S_3 \end{bmatrix} = \begin{bmatrix} \varepsilon_{xz} \\ \varepsilon_{yz} \\ \varepsilon_z \end{bmatrix} S_3$$

变形后 P'_3 点的坐标为：$(0 \quad 0 \quad S_3) + (\delta S_{3x} \quad \delta S_{3y} \quad \delta S_{3z}) = (\varepsilon_{xz} \quad \varepsilon_{yz} \quad 1+\varepsilon_z) S_3$

我们考察 xOy 坐标面，如图 5-3 所示。根据线应变的定义：伸长量除以原长。考察线段 S_1（即 $P_0 P_1$ 线段），注意到是小变形，其伸长量约为 $\delta S_{1x} = \varepsilon_x S_1$，原长为 S_1，两者之比

$$\frac{\varepsilon_x S_1}{S_1} = \varepsilon_x$$

因此第一个元素 ε_x 的力学意义为 x 方向线段的线应变（又叫正应变）。同理可知主对角线上的另两个元素的力学意义，ε_y 的力学意义为 y 方向线段的线应变，ε_z 的力学意义为 z 方向线段的线应变。

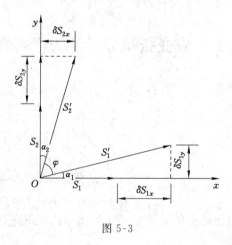

图 5-3

下面分析转角，线段 S_1 的转角为：

$$\alpha_1 \approx \frac{\delta S_{1y}}{S_1} = \frac{\varepsilon_{yx} S_1}{S_1} = \varepsilon_{yx}$$

线段 S_2 的转角为：

$$\alpha_2 \approx \frac{\delta S_{2x}}{S_2} = \frac{\varepsilon_{xy} S_2}{S_2} = \varepsilon_{xy}$$

由应变张量的对称性有

$$\alpha_1 = \alpha_2$$

设 xy 方向的工程剪应变为 γ_{xy}，根据工程剪应变的定义有：

$$\gamma_{xy} = \alpha_1 + \alpha_2 = \varepsilon_{yx} + \varepsilon_{xy} = 2\varepsilon_{xy} = 2\varepsilon_{yx}$$

即：

$$\varepsilon_{xy} = \varepsilon_{yx} = \frac{1}{2}\gamma_{xy}$$

同理：

$$\varepsilon_{xz} = \varepsilon_{zx} = \frac{1}{2}\gamma_{xz} \quad \varepsilon_{yz} = \varepsilon_{zy} = \frac{1}{2}\gamma_{yz}$$

这表明非对角线上的元素为对应的工程剪应变的一半。

5.3　主应变和应变不变量

5.3.1　主应变及其不变量

与讨论应力张量相类似,我们定义:某方向的线段,经过变形运动后线段的方向不变,则称该方向为主方向。以主方向为法线的平面称为主平面,主方向的线应变称为主应变。

设图 5-4 中 $\boldsymbol{n}$ 为主方向,$\boldsymbol{S}_n$ 为 $\boldsymbol{n}$ 上的一个小线段矢量,根据主方向定义,变形后 $\boldsymbol{S}_n$ 方向不变,因此 $\delta\boldsymbol{S}_n$ 与 $\boldsymbol{S}_n$ 方向一致。设该主方向的主应变为 ε_n,因此有：

$$\delta\boldsymbol{S}_n = \varepsilon_n\boldsymbol{S}_n$$

设 $\boldsymbol{n} = (l_1, l_2, l_3)$,则 $\boldsymbol{S}_n = S_n(l_1, l_2, l_3)$

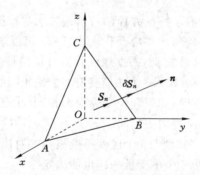

图 5-4

$$\begin{bmatrix} \varepsilon_x & \varepsilon_{xy} & \varepsilon_{xz} \\ \varepsilon_{yx} & \varepsilon_y & \varepsilon_{yz} \\ \varepsilon_{zx} & \varepsilon_{zy} & \varepsilon_z \end{bmatrix} \begin{bmatrix} l_1 S_n \\ l_2 S_n \\ l_3 S_n \end{bmatrix} = \varepsilon_n \begin{bmatrix} l_1 S_n \\ l_2 S_n \\ l_3 S_n \end{bmatrix}$$

$$\begin{bmatrix} \varepsilon_x & \varepsilon_{xy} & \varepsilon_{xz} \\ \varepsilon_{yx} & \varepsilon_y & \varepsilon_{yz} \\ \varepsilon_{zx} & \varepsilon_{zy} & \varepsilon_z \end{bmatrix} \begin{bmatrix} l_1 \\ l_2 \\ l_3 \end{bmatrix} = \varepsilon_n \begin{bmatrix} l_1 \\ l_2 \\ l_3 \end{bmatrix}$$

$$\begin{bmatrix} \varepsilon_x - \varepsilon_n & \varepsilon_{xy} & \varepsilon_{xz} \\ \varepsilon_{yx} & \varepsilon_y - \varepsilon_n & \varepsilon_{yz} \\ \varepsilon_{zx} & \varepsilon_{zy} & \varepsilon_z - \varepsilon_n \end{bmatrix} \begin{bmatrix} l_1 \\ l_2 \\ l_3 \end{bmatrix} = 0 \tag{5-6}$$

写成张量形式：

$$(\varepsilon_{ij} - \delta_{ij}\varepsilon_n)l_j = 0$$

要使主方向存在,则上式的系数矩阵的行列式必须为零:

$$\begin{vmatrix} \varepsilon_x - \varepsilon_n & \varepsilon_{xy} & \varepsilon_{xz} \\ \varepsilon_{yx} & \varepsilon_y - \varepsilon_n & \varepsilon_{yz} \\ \varepsilon_{zx} & \varepsilon_{zy} & \varepsilon_z - \varepsilon_n \end{vmatrix} = 0$$

展开行列式得:

$$\varepsilon_n^3 - I'_1 \varepsilon_n^2 - I'_2 \varepsilon_n - I'_3 = 0 \tag{5-7}$$

其中

$$I'_1 = \varepsilon_x + \varepsilon_y + \varepsilon_z$$

$$I'_2 = (\varepsilon_{xy}^2 + \varepsilon_{xz}^2 + \varepsilon_{yz}^2) - (\varepsilon_x \varepsilon_y + \varepsilon_y \varepsilon_z + \varepsilon_z \varepsilon_x)$$

$$I'_3 = \begin{vmatrix} \varepsilon_x & \varepsilon_{xy} & \varepsilon_{xz} \\ \varepsilon_{yx} & \varepsilon_y & \varepsilon_{yz} \\ \varepsilon_{zx} & \varepsilon_{zy} & \varepsilon_z \end{vmatrix}$$

分别称为应变张量的第一、第二、第三不变量。

用张量写法:

$$I'_1 = \varepsilon_{ii}$$

$$I'_2 = \frac{1}{2}(\varepsilon_{ij}\varepsilon_{ij} - \varepsilon_{ii}\varepsilon_{jj})$$

$$I'_3 = \det(\varepsilon_{ij})$$

有了 3 个应变不变量,就有了特征方程(5-7),通过求解特征方程可以得到 3 个实根,就是 3 个主应变,记为 ε_1,ε_2,ε_3。将每个主应变代入式(5-6)可以求解出一个对应主方向矢量。因为有 3 个主应变,所以有 3 个主方向,根据线性代数特征向量的理论可知,如果 3 个主应变无重根,这 3 个主方向互相垂直;如果 3 个主应变有 2 个是相同的,则与单根对应的主方向的垂直面内的任意方向都是主方向;如果 3 个主应变都相同,则任意方向都是主方向。总之无论什么情况,都存在 3 个互相垂直的主方向。

通过上述讨论可知,3 个主应变与 3 个应变不变量一一对应,主应变与应变不变量等价,3 个主应变能决定的任何事情,3 个不变量一样也能决定。

5.3.2 应变张量的分解 —— 球张量与偏张量

与应力张量一样,应变张量也可以分解为球张量加偏张量。

$$\varepsilon_{ij} = e_{ij} + \varepsilon_m \delta_{ij}$$

其中:

$$\varepsilon_m = \frac{1}{3}\varepsilon_{ii} = \frac{1}{3}(\varepsilon_x + \varepsilon_y + \varepsilon_z)$$

$$\varepsilon_m \delta_{ij} = \begin{bmatrix} \varepsilon_m & 0 & 0 \\ 0 & \varepsilon_m & 0 \\ 0 & 0 & \varepsilon_m \end{bmatrix}$$

$\varepsilon_m \delta_{ij}$ 称为应变球张量。根据静水压力实验可知,对于金属材料,应变球张量代表的变形是弹性的,而 $3\varepsilon_m$ 就是体积应变。

$$e_{ij} = \varepsilon_{ij} - \varepsilon_m \delta_{ij} = \begin{bmatrix} \varepsilon_x - \varepsilon_m & \varepsilon_{xy} & \varepsilon_{xz} \\ \varepsilon_{yx} & \varepsilon_y - \varepsilon_m & \varepsilon_{yz} \\ \varepsilon_{zx} & \varepsilon_{zy} & \varepsilon_z - \varepsilon_m \end{bmatrix}$$

e_{ij} 称为应变偏张量。塑性变形一定是偏张量的形式。

应变偏张量也是一个二阶对称张量,它也有 3 个主方向,3 个主应变记为 e_1,e_2,e_3,称为 3 个主偏应变。可以证明应变偏张量的主方向与应变张量的主方向一致,而主偏应变为:

$$e_1 = \varepsilon_1 - \varepsilon_m, e_2 = \varepsilon_2 - \varepsilon_m, e_3 = \varepsilon_3 - \varepsilon_m$$

应变偏张量也有 3 个不变量:

$$J'_1 = e_x + e_y + e_z = e_{ii} = 0$$

$$J'_2 = \frac{1}{2} e_{ij} e_{ij}$$

$$J'_3 = \det(e_{ij})$$

其中第二不变量 J'_2 用得比较多,下面给出几种常见的形式:

$$\begin{aligned} J'_2 &= \frac{1}{2} e_{ij} e_{ij} \\ &= \frac{1}{2}(e_1^2 + e_2^2 + e_3^2) \\ &= -(e_1 e_2 + e_2 e_3 + e_3 e_1) \\ &= \frac{1}{6}\big[(\varepsilon_1 - \varepsilon_2)^2 + (\varepsilon_2 - \varepsilon_3)^2 + (\varepsilon_3 - \varepsilon_1)^2\big] \end{aligned}$$

5.3.3　等效应变与 Lode 应变参数

类似应力张量的分析,不难给出等斜面(8 面体面)上的正应变和剪应变分别为:

$$\varepsilon_8 = \frac{1}{3}(\varepsilon_1 + \varepsilon_2 + \varepsilon_3) = \varepsilon_m$$

$$\begin{aligned} \gamma_8 &= \frac{2}{3}\sqrt{(\varepsilon_1 - \varepsilon_2)^2 + (\varepsilon_2 - \varepsilon_3)^2 + (\varepsilon_3 - \varepsilon_1)^2} \\ &= \sqrt{\frac{8}{3} J'_2} \end{aligned}$$

当材料不可压缩时,简单拉伸情况下有 $\varepsilon_1 = \varepsilon, \varepsilon_2 = \varepsilon_3 = -\frac{1}{2}\varepsilon$,故有 $J'_2 = \frac{3}{4}\varepsilon^2$,于是定义等效应变(又称为应变强度)为:

$$\bar{\varepsilon} = \sqrt{\frac{4}{3} J'_2}$$

在纯剪切情况下,有 $\varepsilon_1 = -\varepsilon_3 = \frac{1}{2}\gamma, \varepsilon_2 = 0$,故有 $J'_2 = \frac{1}{4}\gamma^2$,于是定义等效剪应变(又称为剪应变强度)为:

$$\bar{\gamma} = 2\sqrt{J'_2} = \sqrt{3}\,\bar{\varepsilon}$$

可见 γ_8、$\bar{\varepsilon}$、$\bar{\gamma}$ 都与 $\sqrt{J'_2}$ 成正比,只是比例系数不同,它们都是应变偏张量的第二不变量的代表。

5.3.4　应变 Lode 参数

参考应力 Mohr 圆和 Lode 应力参数,同样有应变 Mohr 圆和 Lode 应变参数,Lode 应变参数可以定义为:

$$\mu_\varepsilon = \frac{2\varepsilon_2 - \varepsilon_1 - \varepsilon_3}{\varepsilon_1 - \varepsilon_3} = \frac{2e_2 - e_1 - e_3}{e_1 - e_3}$$

3 个特殊情况：

(1) 单向拉伸：$\varepsilon_1 > 0, \varepsilon_2 = \varepsilon_3 = -\nu\varepsilon_1$，此时 $\mu_\varepsilon = -1$；

(2) 纯剪切：$\varepsilon_1 = -\varepsilon_3 > 0, \varepsilon_2 = 0$，此时 $\mu_\varepsilon = 0$；

(3) 单向压缩：$\varepsilon_3 < 0, \varepsilon_1 = \varepsilon_2 = -\nu\varepsilon_3$，此时 $\mu_\varepsilon = 1$。

Lode 应变参数 μ_ε 的取值范围为：$-1 \leqslant \mu_\varepsilon \leqslant 1$。

Lode 应力参数表示了物体一点的受力状态的特征类型，给出了受力状态的分类。同样，Lode 应变参数也表示了物体一点的变形状态的特征类型，给出了变形状态的分类。

5.4 变形协调方程

由几何方程(5-3)知，6 个独立的应变分量是通过 3 个位移分量表示的，因此这 6 个应变分量之间一定存在关联。如果已知的是位移分量，通过几何方程(5-3) 可以求出 6 个应变分量，没有任何问题。但反过来，如果已知的是 6 个应变分量，想求 3 个位移，因为 6 个方程求 3 个未知量，则 6 个方程可能矛盾。要解决这个矛盾，必须补充应变之间满足的关系作为补充方程，这些方程就称为变形协调条件。下面着手建立变形协调方程，为此，设法从式(5-3)中消去所有位移分量。

首先将 ε_x 对 y 求二阶偏导数并与 ε_y 对 x 求二阶偏导数相加，有

$$\frac{\partial^2 \varepsilon_x}{\partial y^2} + \frac{\partial^2 \varepsilon_y}{\partial x^2} = \frac{\partial^2}{\partial x \partial y}\left(\frac{\partial u}{\partial y} + \frac{\partial v}{\partial x}\right) = \frac{\partial^2 \gamma_{xy}}{\partial x \partial y}$$

同理有

$$\frac{\partial^2 \varepsilon_y}{\partial z^2} + \frac{\partial^2 \varepsilon_z}{\partial y^2} = \frac{\partial^2 \gamma_{yz}}{\partial y \partial z}$$

$$\frac{\partial^2 \varepsilon_z}{\partial x^2} + \frac{\partial^2 \varepsilon_x}{\partial z^2} = \frac{\partial^2 \gamma_{zx}}{\partial z \partial x}$$

将 γ_{xy} 对 z 求一阶偏导数，γ_{yz} 对 x 求一阶偏导数，γ_{zx} 对 y 求一阶偏导数，将前两式相加再减去第 3 式有

$$\frac{\partial \gamma_{xy}}{\partial z} + \frac{\partial \gamma_{yz}}{\partial x} - \frac{\partial \gamma_{zx}}{\partial y} = 2\frac{\partial^2 v}{\partial x \partial z}$$

将上式两边对 y 求一阶偏导数，则有

$$\frac{\partial}{\partial y}\left(\frac{\partial \gamma_{yz}}{\partial x} - \frac{\partial \gamma_{zx}}{\partial y} + \frac{\partial \gamma_{xy}}{\partial z}\right) = 2\frac{\partial^2 \varepsilon_y}{\partial x \partial z}$$

同理有

$$\frac{\partial}{\partial x}\left(-\frac{\partial \gamma_{yz}}{\partial x} + \frac{\partial \gamma_{zx}}{\partial y} + \frac{\partial \gamma_{xy}}{\partial z}\right) = 2\frac{\partial^2 \varepsilon_x}{\partial y \partial z}$$

$$\frac{\partial}{\partial z}\left(\frac{\partial \gamma_{yz}}{\partial x} + \frac{\partial \gamma_{zx}}{\partial y} - \frac{\partial \gamma_{xy}}{\partial z}\right) = 2\frac{\partial^2 \varepsilon_z}{\partial x \partial y}$$

综合前面的讨论我们得到 6 个方程

$$
\left.
\begin{aligned}
\frac{\partial^2 \varepsilon_x}{\partial y^2} + \frac{\partial^2 \varepsilon_y}{\partial x^2} &= \frac{\partial^2 \gamma_{xy}}{\partial x \partial y} \\[2mm]
\frac{\partial^2 \varepsilon_y}{\partial z^2} + \frac{\partial^2 \varepsilon_z}{\partial y^2} &= \frac{\partial^2 \gamma_{yz}}{\partial y \partial z} \\[2mm]
\frac{\partial^2 \varepsilon_z}{\partial x^2} + \frac{\partial^2 \varepsilon_x}{\partial z^2} &= \frac{\partial^2 \gamma_{zx}}{\partial z \partial x} \\[2mm]
\frac{\partial}{\partial y}\left(\frac{\partial \gamma_{yz}}{\partial x} - \frac{\partial \gamma_{zx}}{\partial y} + \frac{\partial \gamma_{xy}}{\partial z} \right) &= 2 \frac{\partial^2 \varepsilon_y}{\partial x \partial z} \\[2mm]
\frac{\partial}{\partial x}\left(-\frac{\partial \gamma_{yz}}{\partial x} + \frac{\partial \gamma_{zx}}{\partial y} + \frac{\partial \gamma_{xy}}{\partial z} \right) &= 2 \frac{\partial^2 \varepsilon_x}{\partial y \partial z} \\[2mm]
\frac{\partial}{\partial z}\left(\frac{\partial \gamma_{yz}}{\partial x} + \frac{\partial \gamma_{zx}}{\partial y} - \frac{\partial \gamma_{xy}}{\partial z} \right) &= 2 \frac{\partial^2 \varepsilon_z}{\partial x \partial y}
\end{aligned}
\right\}
\tag{5-8}
$$

称上式 6 个方程为应变协调方程,也称为相容方程,又称 Saint Venant 方程。

由应变协调方程知,6 个应变分量不能任意给定,必须满足应变协调方程,否则位移可能不连续或不单值,从几何观点来看,不连续意味着"撕裂"或"套叠",如图 5-5 所示。

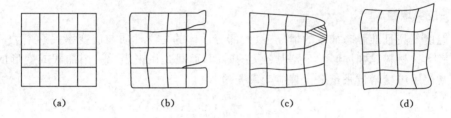

（a）　　　　　　　　（b）　　　　　　　　（c）　　　　　　　　（d）

图 5-5

（a）变形前;（b）变形后出现"撕裂"现象;（c）变形后出现"套叠"现象;（d）允许变形状态

对于单连通区域,变形协调方程不仅是位移连续的必要条件而且也是充分条件。

对于多连通区域,变形协调方程只是位移连续的必要条件,还需要补充条件才能称为充要条件。如图 5-6 所示,对多连通区域,总可以做适当的截面使它变为单连通区域。补充条件为：

$$
u^+ = u^-, v^+ = v^-, w^+ = w^-
$$

式中 u^+, v^+, w^+ 与 u^-, v^-, w^- 分别为截面同一点两侧的位移。

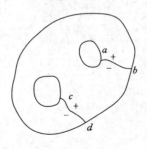

图 5-6

对于位移法而言,由位移通过几何方程求应变,则应变自然满足应变协调方程,因此应变协调方程不需要考虑。但对于应力法而言,应变协调方程应当考虑。

5.5 应变率与应变增量

5.5.1 应变率张量

当物体处于运动状态时,以 $v_i(x_i, t)$ 表示物体内任意一点的运动速度,从某时刻 t 开始,经过无限小时间 dt 后,获得位移 $du_i = v_i dt$,应用小变形 Cauchy 公式求得相应的应变为:

$$d\varepsilon_{ij} = \frac{1}{2}(du_{i,j} + du_{j,i}) = \frac{1}{2}(v_{i,j} + v_{j,i})dt$$

如果我们按 $d\varepsilon_{ij} = \dot{\varepsilon}_{ij} dt$ 来定义 $\dot{\varepsilon}_{ij}$ 称为应变率张量。则有

$$\dot{\varepsilon}_{ij} = \frac{1}{2}(v_{i,j} + v_{j,i})$$

这样定义的 $\dot{\varepsilon}_{ij}$,无论 $\dot{\varepsilon}_{ij}$ 大小是多少都成立。但要求对每一瞬时状态进行计算,而不是按初始位置进行计算。应变率张量 $\dot{\varepsilon}_{ij}$ 可以类似于 ε_{ij} 求出主方向、主应变率、偏应变率张量 $\dot{e}_{ij}$ 及其相应的不变量等。

5.5.2 应变增量

在温度不高且准静态加载的情况下,大部分固体的力学性质与应变率关系不大,这类材料称为率无关材料。这时 dt 可不代表真实的时间,而只是用来表示一个加载或变形的过程。因而经常使用应变增量张量来代替应变率张量:

$$d\varepsilon_{ij} = \dot{\varepsilon}_{ij} dt = \frac{1}{2}(du_{i,j} + du_{j,i})$$

习　题

5.1　证明下列等式:

(1) $\sigma_{ij} d\varepsilon_{ij} = s_{ij} de_{ij} + \sigma_m d\varepsilon_{kk}$

(2) $\dfrac{\sqrt{s_{ij} s_{ij}}}{\sqrt{e_{kl} e_{kl}}} = \dfrac{2\bar{\sigma}}{3\bar{\varepsilon}}$

5.2　给定一点的相对位移张量

$$u_{i,j} = \begin{bmatrix} 0.10 & 0.20 & -0.40 \\ -0.20 & 0.25 & -0.15 \\ 0.40 & 0.30 & 0.30 \end{bmatrix}$$

计算:

(1) 应变张量;

(2) 转动张量;

(3) 主应变及其主方向。

5.3　给定一点的应变张量

$$\varepsilon_{ij} = \begin{bmatrix} 0.023 & -0.015 & 0.001 \\ -0.015 & 0.009 & 0.008 \\ 0.001 & 0.008 & 0.013 \end{bmatrix}$$

计算:

(1) 主应变及其主方向;

(2) 最大剪应变;

(3) 八面体应变;

(4) 具有方向 $n=(0.25,0.58,0.775)$ 的纤维元的正应变;

(5) 偏应变张量及其不变量;

(6) 单位体积的变化;

(7) 应变不变量。

5.4　证明: $J'_3 = \dfrac{1}{27}(2I'^3_1 + 9I'_1 I'_2 + 27I'_3)$。

第6章 屈服条件

6.1 初始屈服条件

6.1.1 基本概念

对于从未屈服过的材料，其弹性状态的界限称为初始屈服条件，有时简称为屈服条件。对于简单应力状态如拉压，其初始屈服条件就是拉、压的屈服极限 $\pm\sigma_s$。但对于复杂应力状态，由于表示受力状态的不是标量而是二阶应力张量，因此，何时屈服就是一个需要认真研究的问题。

一般而言，对于常温、准静态，决定材料是否屈服的因素就是应力张量的各个分量。因此屈服条件应该能表达为如下的函数方程形式：

$$\Phi(\sigma_{ij}) = 0 \tag{6-1}$$

其中 $\Phi(\sigma_{ij})$ 称为屈服函数。应力张量满足式(6-1)时，材料屈服，否则材料不屈服。本章研究屈服条件，事实上就是要研究屈服函数是什么。

考虑到 σ_{ij} 的对称性，$\Phi(\sigma_{ij})$ 有六个自变量，或者说屈服函数 $\Phi(\sigma_{ij})$ 是定义在六维应力空间上的函数，而式(6-1)则可以理解为六维应力空间中的一张超曲面，称为屈服面。当应力张量在屈服面上时，材料屈服，处于塑性状态，否则材料不屈服，处于弹性状态。

对于初始各向同性材料，坐标变换不会影响初始屈服条件，故可以用主应力或应力不变量来表示：

$$\Phi(\sigma_1, \sigma_2, \sigma_3) = 0 \tag{6-2}$$

$$\Phi(I_1, I_2, I_3) = 0 \tag{6-3}$$

对于多数金属类多晶体材料，静水应力不影响屈服，因此屈服条件进一步可以用应力偏张量或其不变量表示：

$$f(s_1, s_2, s_3) = 0 \tag{6-4}$$

$$f(J_2, J_3) = 0 \tag{6-5}$$

在式(6-5)中，用到了 $J_1 = 0$，这样屈服函数简化为二自变量的函数。

我们来看式(6-2)，它表明屈服条件是三维主应力空间中的一个曲面。对于任意一个主应力状态，可以在主应力空间中找到一个对应点 P 来代表，且向量 OP 总可以参照 L 直线和 π 平面分解，如图4-8所示。

$$OP = ON + OQ$$

其中 ON 是 L 直线上的分量，对应于应力张量的球张量部分。由于静水应力不影响屈服，ON 的长度与屈服无关。因此当 P 达到屈服时，L' 线上各点也都达到屈服。这就说明屈服曲面就是一个柱面，其母线平行于 L 直线，或者说这个柱面垂直于 π 平面。

屈服曲面与 π 平面的交线是一条封闭曲线, 称为屈服曲线。事实上, 在 π 平面上, 屈服曲线的方程就是式(6-5)给出的 $f(J_2, J_3) = 0$。若以 $\sigma'_1, \sigma'_2, \sigma'_3$ 表示 $\sigma_1, \sigma_2, \sigma_3$ 在 π 平面的投影, 则多晶体金属材料屈服曲线的主要性质参见图 6-1, 有如下几条:

(1) 屈服曲线必是一条包含原点的封闭曲线。

(2) 屈服曲线与从坐标原点出发的任何射线必定相交, 且相交一次。

(3) 屈服曲线关于 3 个坐标轴的投影 $\sigma'_1, \sigma'_2, \sigma'_3$ 轴对称, 这是因为材料是初始各向同性的。

(4) 屈服曲线关于 $\sigma'_1, \sigma'_2, \sigma'_3$ 轴的垂线也对称, 这是因为对于大多数金属材料而言, 初始拉伸和压缩的屈服极限相等。

(5) 屈服曲线是外凸的。这一点, 我们将在下一章给予证明。

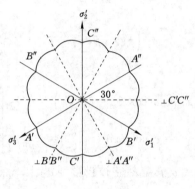

图 6-1

这样, 屈服曲线是一条包含原点的, 有 6 条对称轴的封闭曲线, 如图 6-1 所示, 它由 12 条相同的弧段组成。如果通过实验获得屈服曲线的话, 只要确定一条 $30°$ 的弧段, 就可以利用对称性得到整个屈服曲线。

6.1.2　π 平面上的几何关系

主应力空间 3 个坐标轴与 L 直线的夹角都一样, 记为 α, 主应力空间坐标轴与 π 平面的夹角记为 β, 显然, $\alpha + \beta = 90°$。取 L 直线的单位矢量 $\dfrac{1}{\sqrt{3}}(1,1,1)$, 取 σ_1 轴上单位矢量 $(1,0,0)$, 有:

$$\cos \alpha = \frac{1}{\sqrt{3}}(1,1,1) \cdot (1,0,0) = \frac{1}{\sqrt{3}}, \alpha \approx 54.7°$$

$$\beta = 90° - \alpha \approx 35.3°, \cos \beta = \sqrt{\frac{2}{3}}$$

在 π 平面上建立平面直角坐标系 Oxy 和极坐标系 $Or\theta$, y 轴与 σ_2 轴在 π 平面上的投影 σ'_2 重合, 如图 6-2 所示。

我们讨论三维主应力空间中的任意一点 $P:(\sigma_1, \sigma_2, \sigma_3) = \sigma_1 \boldsymbol{i} + \sigma_2 \boldsymbol{j} + \sigma_3 \boldsymbol{k}$ 投影到 π 平面上的点 Q 的坐标为 (s_1, s_2, s_3), 求 Q 点的 x, y 坐标和 r_σ, θ_σ 极坐标。为此我们从坐标轴上的点谈起。

设 σ_1 轴上点 $P_1:(\sigma_1, 0, 0) = \sigma_1 \boldsymbol{i}$, 显然它被投影到 σ'_1 轴上一点, 其极坐标为

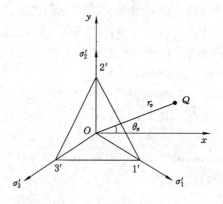

图 6-2

$$\left(\sigma_1 \cos \beta, -\frac{\pi}{6}\right)$$

其直角坐标为

$$\left.\begin{aligned}
x_1 &= \sigma_1 \cos \beta \cos \left(-\frac{\pi}{6}\right) = \frac{\sqrt{2}}{2}\sigma_1 \\
y_1 &= \sigma_1 \cos \beta \sin \left(-\frac{\pi}{6}\right) = -\frac{1}{\sqrt{6}}\sigma_1
\end{aligned}\right\}$$

设 σ_2 轴上的点 $P_2:(0,\sigma_2,0)=\sigma_2 \boldsymbol{j}$,显然它被投影到 σ'_2 上一点的极坐标为

$$\left(\sigma_2 \cos \beta, \frac{\pi}{2}\right)$$

其直角坐标为

$$\left.\begin{aligned}
x_2 &= \sigma_2 \cos \beta \cos \left(\frac{\pi}{2}\right) = 0 \\
y_2 &= \sigma_2 \cos \beta \sin \left(\frac{\pi}{2}\right) = \sqrt{\frac{2}{3}}\sigma_2
\end{aligned}\right\}$$

设 σ_3 轴上的点 $P_3:(0,0,\sigma_3)=\sigma_3 \boldsymbol{k}$,显然它被投影到 σ'_3 上一点的极坐标为

$$\left(\sigma_3 \cos \beta, \frac{7\pi}{6}\right)$$

其直角坐标为

$$\left.\begin{aligned}
x_3 &= \sigma_3 \cos \beta \cos \left(\frac{7\pi}{6}\right) = -\frac{\sqrt{2}}{2}\sigma_3 \\
y_3 &= \sigma_3 \cos \beta \sin \left(\frac{7\pi}{6}\right) = -\frac{1}{\sqrt{6}}\sigma_3
\end{aligned}\right\}$$

任一点 $P:(\sigma_1,\sigma_2,\sigma_3)=\sigma_1 \boldsymbol{i}+\sigma_2 \boldsymbol{j}+\sigma_3 \boldsymbol{k}$ 投影到 π 平面上的点 Q 的直角坐标为

$$\left.\begin{aligned}
x &= x_1 + x_2 + x_3 = \frac{1}{\sqrt{2}}(\sigma_1 - \sigma_3) = \frac{1}{\sqrt{2}}(s_1 - s_3) \\
y &= y_1 + y_2 + y_3 = \frac{1}{\sqrt{6}}(2\sigma_2 - \sigma_1 - \sigma_3) = \frac{1}{\sqrt{6}}(2s_2 - s_1 - s_3)
\end{aligned}\right\} \tag{6-6}$$

容易看出 x,y 与主偏应力 s_1,s_2,s_3 一一对应。因而 x,y 与应力偏张量的不变量 J_2,J_3 也构成

——对应的关系。

Q 的极坐标为

$$r_\sigma = \sqrt{x^2 + y^2} = \sqrt{\frac{1}{2}(\sigma_1 - \sigma_3)^2 + \frac{1}{6}(2\sigma_2 - \sigma_1 - \sigma_3)^2} = \sqrt{2J_2}$$

$$\theta_\sigma = \arctan \frac{y}{x} = \arctan \frac{2\sigma_2 - \sigma_1 - \sigma_3}{\sqrt{3}(\sigma_1 - \sigma_3)} = \arctan \frac{\mu_\sigma}{\sqrt{3}} \tag{6-7}$$

显然, r_σ, θ_σ 与应力偏张量的不变量 J_2, J_3 构成——对应的关系, 与主偏应力 s_1, s_2, s_3 也——对应。

因为 $s_2 = -(s_1 + s_3)$, 由式(6-6)可解出:

$$s_1 = \frac{1}{\sqrt{2}}x - \frac{1}{\sqrt{6}}y = \sqrt{\frac{2}{3}}r_\sigma \cos\left(\theta_\sigma + \frac{\pi}{6}\right)$$

$$s_2 = \sqrt{\frac{2}{3}}y = \sqrt{\frac{2}{3}}r_\sigma \sin\theta_\sigma \tag{6-8}$$

$$s_3 = -\frac{1}{\sqrt{2}}x - \frac{1}{\sqrt{6}}y = -\sqrt{\frac{2}{3}}r_\sigma \cos\left(\theta_\sigma - \frac{\pi}{6}\right)$$

$$s_1 - s_3 = \sqrt{2}x = \sqrt{2}r_\sigma \cos\theta_\sigma = 2\sqrt{J_2}\cos\theta_\sigma$$

$$s_1 + s_3 = -\sqrt{\frac{2}{3}}y = -\sqrt{\frac{2}{3}}r_\sigma \sin\theta_\sigma = -\frac{2}{\sqrt{3}}\sqrt{J_2}\sin\theta_\sigma \tag{6-9}$$

若规定 $\sigma_1 \geqslant \sigma_2 \geqslant \sigma_3$ 则

$$-30° \leqslant \theta_\sigma \leqslant 30°$$

下面讨论几种特殊的简单应力状态在 π 平面上的几何特点:

(1) 单向拉伸 $\sigma_1 = \sigma > 0, \sigma_2 = \sigma_3 = 0$, 此时有

$$\mu_\sigma = -1, r_\sigma = \sqrt{\frac{2}{3}}\sigma, \theta_\sigma = -30°$$

单向拉伸的过程在 π 平面上就是一条 $\theta_\sigma = -30°$ 的射线。

(2) 平面纯剪切 $\sigma_1 = \tau > 0, \sigma_2 = 0, \sigma_3 = -\tau$, 此时有

$$\mu_\sigma = 0, r_\sigma = \sqrt{2}\tau, \theta_\sigma = 0°$$

平面纯剪切的过程在 π 平面上就是一条 $\theta_\sigma = 0°$ 的射线。

(3) 单轴压缩 $\sigma_1 = \sigma_2 = 0, \sigma_3 = -\sigma < 0$, 此时有

$$\mu_\sigma = 1, r_\sigma = \sqrt{\frac{2}{3}}\sigma, \theta_\sigma = 30°$$

单轴压缩的过程在 π 平面上就是一条 $\theta_\sigma = 30°$ 的射线。

利用以上 3 种特殊的应力状态, 可以在 π 平面上的屈服曲线上确定 3 个点: B, A' 和 D, 如图 6-3 所示。如能设计实验确定 BD 或 DA' 之间的屈服曲线, 整个屈服曲线可由对称性完全获得。

6.1.3 主应力空间的坐标系

对于三维主应力空间而言, 坐标轴除了 $(\sigma_1, \sigma_2, \sigma_3)$ 以外, 还可以选择以 π 平面上的两个坐标轴加 L 直线为第三轴 z 轴。

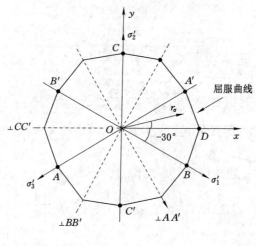

图 6-3

(1) 以 π 平面上的 x, y 及 L 直线上的 z 作为直角坐标系。

显然 $z = \sqrt{3}\,\sigma_{\mathrm m} = \dfrac{1}{\sqrt{3}}(\sigma_1 + \sigma_2 + \sigma_3)$，考虑到式(6-6)有

$$
\left.\begin{aligned}
x &= \frac{1}{\sqrt{2}}(\sigma_1 - \sigma_3) \\
y &= \frac{1}{\sqrt{6}}(2\sigma_2 - \sigma_1 - \sigma_3) \\
z &= \frac{1}{\sqrt{3}}(\sigma_1 + \sigma_2 + \sigma_3)
\end{aligned}\right\}
\quad \text{或} \quad
\left.\begin{aligned}
\sigma_1 &= \frac{x}{\sqrt{2}} - \frac{y}{\sqrt{6}} + \frac{z}{\sqrt{3}} \\
\sigma_2 &= \sqrt{\frac{2}{3}}\,y + \frac{z}{\sqrt{3}} \\
\sigma_3 &= -\frac{x}{\sqrt{2}} - \frac{y}{\sqrt{6}} + \frac{z}{\sqrt{3}}
\end{aligned}\right\}
\tag{6-10}
$$

写成矩阵形式有

$$
\begin{bmatrix} x \\ y \\ z \end{bmatrix} =
\begin{bmatrix}
\dfrac{1}{\sqrt{2}} & 0 & -\dfrac{1}{\sqrt{2}} \\[2mm]
-\dfrac{1}{\sqrt{6}} & \sqrt{\dfrac{2}{3}} & -\dfrac{1}{\sqrt{6}} \\[2mm]
\dfrac{1}{\sqrt{3}} & \dfrac{1}{\sqrt{3}} & \dfrac{1}{\sqrt{3}}
\end{bmatrix}
\begin{bmatrix} \sigma_1 \\ \sigma_2 \\ \sigma_3 \end{bmatrix}
\quad \text{或} \quad
\begin{bmatrix} \sigma_1 \\ \sigma_2 \\ \sigma_3 \end{bmatrix} =
\begin{bmatrix}
\dfrac{1}{\sqrt{2}} & -\dfrac{1}{\sqrt{6}} & -\dfrac{1}{\sqrt{3}} \\[2mm]
0 & \sqrt{\dfrac{2}{3}} & \dfrac{1}{\sqrt{3}} \\[2mm]
-\dfrac{1}{\sqrt{2}} & -\dfrac{1}{\sqrt{6}} & \dfrac{1}{\sqrt{3}}
\end{bmatrix}
\begin{bmatrix} x \\ y \\ z \end{bmatrix}
\tag{6-11}
$$

(2) 以 π 平面上的 r_σ, θ_σ 及 L 直线上的 z 作为柱坐标系。利用式(6-7)有

$$
\left.\begin{aligned}
r_\sigma &= \sqrt{\frac{1}{2}(\sigma_1 - \sigma_3)^2 + \frac{1}{6}(2\sigma_2 - \sigma_1 - \sigma_3)^2} = \sqrt{2J_2} \\
\theta_\sigma &= \arctan \frac{2\sigma_2 - \sigma_1 - \sigma_3}{\sqrt{3}\,(\sigma_1 - \sigma_3)} = \arctan \frac{\mu_\sigma}{\sqrt{3}} \\
z &= \frac{1}{\sqrt{3}}(\sigma_1 + \sigma_2 + \sigma_3) = \frac{1}{\sqrt{3}} I_1
\end{aligned}\right\}
\tag{6-12}
$$

可见，柱坐标系每个坐标轴的力学意义非常明显，r_σ 与偏张量的第二不变量 J_2 有关，θ_σ 与偏张量的第三不变量 J_3、第二不变量 J_2 都有关，而 z 则与张量的第一不变量 I_1 有关，与 J_2, J_3 无关。

6.2 与静水应力无关的常见屈服条件

6.2.1 Tresca 屈服条件

1864 年,法国工程师 Tresca 根据 Coulomb 对土力学的研究和他自己在金属挤压试验中的结果,提出如下假设:当最大剪应力达到一定数值时,材料就开始屈服。这个条件可表示为:

$$\tau_{max} = \tau_s \tag{6-13}$$

根据最大剪应力与主应力的关系,如果规定 $\sigma_1 \geqslant \sigma_2 \geqslant \sigma_3$,上式可写为:

$$\sigma_1 - \sigma_3 = 2\tau_s \tag{6-14}$$

其中 τ_s 为材料能承受的最大剪应力,对于给定的材料来说,依照 Tresca 的假设,它是一个与应力状态无关的材料常数。可以由在任何一个应力状态下试验来测定,如纯剪试验,可直接得到 τ_s;也可以由简单拉伸试验来测定,这时试验直接得到 σ_s,根据最大剪应力与主应力关系知

$$\tau_s = \frac{1}{2}\sigma_s \tag{6-15}$$

此时 Tresca 屈服条件可写为:

$$\sigma_1 - \sigma_3 = \sigma_s \tag{6-16}$$

当然也可以根据复杂应力状态下的一次试验来测定 τ_s,屈服时的主应力可以测定为:σ_{1s},σ_{2s},σ_{3s},假定 $\sigma_{1s} \geqslant \sigma_{2s} \geqslant \sigma_{3s}$,由最大剪应力关系可得:$\tau_s = \frac{1}{2}(\sigma_{1s} - \sigma_{3s})$,此时 Tresca 屈服条件可写为:

$$\sigma_1 - \sigma_3 = \sigma_{1s} - \sigma_{3s} \tag{6-17}$$

上述讨论基于 Tresca 屈服条件,特别注意到式(6-15),材料的试验结果只能说该式近似成立,这意味着 Tresca 屈服条件是近似的。

利用式(6-6),Tresca 屈服条件式(6-16)可以写为:

$$\sqrt{2}\,x = \sigma_s$$

进一步:

$$\sqrt{2}\,r_\sigma \cos\theta_\sigma = \sigma_s$$

有

$$2\sqrt{J_2}\cos\theta_\sigma - \sigma_s = 0 \tag{6-18}$$

如果不规定 σ_1,σ_2,σ_3 之间的大小顺序,则 Tresca 屈服条件应为:

$$\left.\begin{array}{r} \sigma_1 - \sigma_2 = \pm\sigma_s \\ \sigma_2 - \sigma_3 = \pm\sigma_s \\ \sigma_3 - \sigma_1 = \pm\sigma_s \end{array}\right\} \tag{6-19}$$

上式为 6 个线性方程,这意味着在主应力空间中它们是 6 个平面,稍加分析可知它们构成是以 L 直线为中心轴的正六棱柱面。Tresca 屈服条件的几何图形如图 6-4 所示。该正六棱柱面与 π 平面的交线为正六边形。

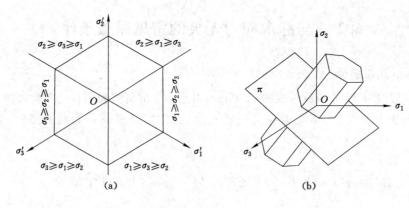

图 6-4

在平面应力状态下，令 $\sigma_3 = 0$，式(6-19)可写为

$$\left.\begin{array}{l} \sigma_1 - \sigma_2 = \pm\sigma_s \\ \sigma_2 = \pm\sigma_s \\ \sigma_1 = \pm\sigma_s \end{array}\right\} \tag{6-20}$$

在 σ_1-σ_2 坐标面上，相当于 6 条直线，如图 6-5 所示。

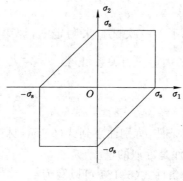

图 6-5

在主应力大小顺序已知的情况下，Tresca 屈服条件使用很方便，其表达式简单而且还是线性的。然而在主应力大小顺序未知的情况下，不失一般性式(6-19)可写为：

$$[(\sigma_1 - \sigma_2)^2 - \sigma_s^2][(\sigma_2 - \sigma_3)^2 - \sigma_s^2][(\sigma_3 - \sigma_1)^2 - \sigma_s^2] = 0$$

上式可以用应力偏张量的不变量写成：

$$4(J_2)^3 - 27(J_3)^2 - 9\sigma_s^2(J_2)^2 + 6\sigma_s^4 J_2 - \sigma_s^6 = 0 \tag{6-21}$$

可见 Tresca 屈服条件在主应力大小顺序未知的情况下，与应力偏张量的两个不变量 J_2，J_3 都有关，式(6-21)非常复杂，不便于应用。

6.2.2 Mises 屈服条件

在主应力大小顺序已知的情况下，Tresca 屈服条件得到了广泛的应用，但主应力大小顺序未知时，Tresca 屈服条件变得很复杂，不便于应用，此外 Tresca 屈服条件未体现中间主应力对材料屈服的影响，这也显得不尽合理。于是，1913 年，Von Mises 建议用：

$$J_2 = C \tag{6-22}$$

来拟合试验点,这就是所谓的 Mises 屈服条件。

在 π 平面上由式(6-22)可知 Mises 屈服条件就是一个圆,如图 6-6 所示。在主应力空间中 Mises 屈服条件式(6-22)就是一个母线平行于 L 直线的圆柱面。虽然式(6-22)不是线性的,但圆已是最简单的曲线了,使用起来也比较方便。

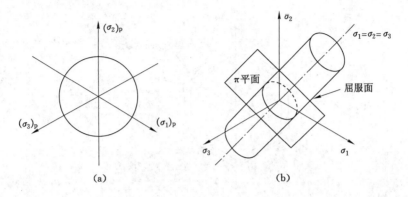

(a)   (b)

图 6-6

(a) π 平面上的 Mises 屈服面;(b) 主应力空间中的 Mises 屈服面

式(6-22)中材料常数 C 可以通过一次试验来获得。如用简单拉伸试验,可以测得屈服时的轴向拉应力 σ_s,此时 $\sigma_1 = \sigma_s, \sigma_2 = \sigma_3 = 0, J_2 = \frac{1}{3}\sigma_s^2$,所以 $C = \frac{1}{3}\sigma_s^2$。如果用纯剪切试验,可以测得屈服时的剪切应力 τ_s,此时 $\sigma_1 = \tau_s, \sigma_2 = 0, \sigma_3 = -\tau_s, J_2 = \tau_s^2$,所以 $C = \tau_s^2$。比较这两种情况可知,如果 Mises 屈服条件是正确的话,应该有:

$$\sigma_s = \sqrt{3}\tau_s \tag{6-23}$$

该式可以作为对 Mises 屈服条件的一次试验验证。

确定了常数 C 后,Mises 屈服条件可以写为如下常用的形式:

$$(\sigma_1 - \sigma_2)^2 + (\sigma_2 - \sigma_3)^2 + (\sigma_3 - \sigma_1)^2 = 2\sigma_s^2 \tag{6-24}$$

$$(\sigma_1 - \sigma_2)^2 + (\sigma_2 - \sigma_3)^2 + (\sigma_3 - \sigma_1)^2 = 6\tau_s^2 \tag{6-25}$$

在平面应力状态时,令 $\sigma_3 = 0$,式(6-24)可写为

$$\sigma_1^2 - \sigma_1\sigma_2 + \sigma_2^2 = \sigma_s^2 \tag{6-26}$$

在 σ_1-σ_2 坐标面上,式(6-26)代表的是一个椭圆,如图 6-7 所示。

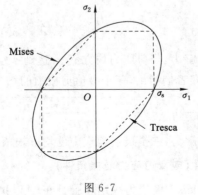

图 6-7

下面讨论 Tresca 屈服条件与 Mises 屈服条件在 π 平面上的几何图形的关系。如果规定简单拉伸时两者一致(重合),则两者在 σ_1' 轴上重合,即 Tresca 正六边形内接于 Mises 圆。如果规定纯剪切时两者一致(重合),则两者在水平方向上重合,即 Tresca 正六边形外切于 Mises 圆,如图 6-8 所示。

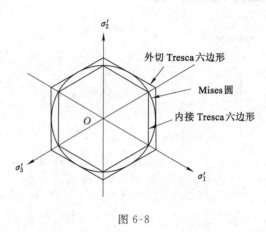

图 6-8

由图 6-8 可见两种屈服条件之间的偏差。当规定简单拉伸时两者一致,则最大偏差出现在水平方向(纯剪切)上,根据圆与六边形的关系可以计算出最大偏差为 $2/\sqrt{3} = 1.155$,即两者最大误差为 15.5%;当规定纯剪切时两者一致,则最大偏差出现在 σ_1' 轴上(简单拉伸),两者最大误差也为 15.5%。

Mises 屈服条件最初是作为一个数学简单的表达式而提出的,经实验检验比较符合。但它的力学意义是什么呢?后来一些力学研究者给出了不同的解释。目前比较公认的有以下几种:

(1) Hencky(1924)提出 Mises 屈服条件实质上就是材料的形状改变弹性比能(又称畸变能)决定材料的屈服。在下一章我们将看到形状改变弹性比能(畸变能):

$$W_\varphi^e = J_2/2G$$

(2) Nadai(1933)指出,Mises 屈服条件可以理解为:当 τ_8 达到一定数值时,材料就屈服,因为 $\tau_8 = \sqrt{\dfrac{2}{3}J_2}$。

(3) Ros 和 Eichinger(1930)指出,过物体上一点可以作任意平面,这些任意平面上的剪应力均方值为:

$$\tau_r^2 = \frac{1}{15}\left[(\sigma_1 - \sigma_2)^2 + (\sigma_2 - \sigma_3)^2 + (\sigma_3 - \sigma_1)^2\right] = \frac{2}{5}J_2$$

因此,Mises 屈服条件可以理解为:当剪应力均方值 τ_r^2 达到一定数值时,材料就屈服。

(4) 西安交通大学的研究者们指出,三个极值剪应力的均方根值为:

$$\sqrt{\frac{1}{3}\left[\left(\frac{\sigma_1 - \sigma_2}{2}\right)^2 + \left(\frac{\sigma_2 - \sigma_3}{2}\right)^2 + \left(\frac{\sigma_3 - \sigma_1}{2}\right)^2\right]} = \sqrt{\frac{1}{2}J_2}$$

因此,Mises 屈服条件可以理解为:三个极值剪应力的均方根值决定屈服。

6.2.3　最大偏应力屈服条件(或双剪应力屈服条件)

1932 年,R. Schmidt 提出最大偏应力决定屈服。1961 年,我国的俞茂鋐用双剪应力的概念对上述屈服条件进行了说明,故又称为双剪应力屈服条件。

在材料力学中,有第一强度理论,认为最大正应力决定材料的强度。该理论比较适用于脆性材料,但对大多数金属材料来讲,该理论不够准确。R. Schmidt 提出,将第一强度理论中的最大正应力改为最大偏应力,即最大偏应力决定屈服。

$$\max(\,|\,s_1\,|\,,\,|\,s_2\,|\,,\,|\,s_3\,|\,) = k$$

其中 k 为材料常数,可由简单拉伸实验确定,此时 $k = \dfrac{2}{3}\sigma_s$。上式可以等价地写为:

$$\left.\begin{array}{l} 3s_1 = 2\sigma_1 - (\sigma_2 + \sigma_3) = \pm 2\sigma_s \\[4pt] 3s_2 = 2\sigma_2 - (\sigma_1 + \sigma_3) = \pm 2\sigma_s \\[4pt] 3s_3 = 2\sigma_3 - (\sigma_1 + \sigma_2) = \pm 2\sigma_s \end{array}\right\} \tag{6-27}$$

上式可以用应力偏张量的不变量表示为:

$$729J_3^2 - 324J_2^2\sigma_s^2 + 284J_2\sigma_s^4 - \sigma_s^6 = 0 \tag{6-28}$$

在 π 平面上,与 Tresca 屈服条件的正六边形相似,最大偏应力屈服条件的几何图形也是正六边形,不过它旋转了 $30°$,如果假定拉伸时,各个屈服条件一致,它们的几何图形如图 6-9 所示。此时 Tresca 屈服条件对应于屈服面的下界,而最大偏应力屈服条件对应于屈服面的上界。

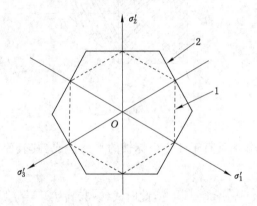

图 6-9

1——Tresca 六边形;2—— 双剪应力

以上屈服条件俞茂鋐用双剪应力屈服条件来解释:当两个较大主剪应力绝对值之和达到某一极限时,材料将屈服。为了简单起见,假设 $\sigma_1 \geqslant \sigma_2 \geqslant \sigma_3$,则主剪应力绝对值可以表示为:

$$|\,\tau_{12}\,| = \frac{1}{2}(\sigma_1 - \sigma_2),\ |\,\tau_{13}\,| = \frac{1}{2}(\sigma_1 - \sigma_3),\ |\,\tau_{23}\,| = \frac{1}{2}(\sigma_2 - \sigma_3)$$

以上三个主剪应力中 $|\,\tau_{13}\,|$ 最大,另外两个谁大谁小不一定,双剪应力屈服条件可以表达为:

$$\left.\begin{array}{l} |\,\tau_{13}\,| + |\,\tau_{12}\,| = \sigma_1 - \dfrac{1}{2}(\sigma_2 + \sigma_3) = \sigma_s,\quad \text{当}\ |\,\tau_{12}\,| \geqslant |\,\tau_{23}\,| \\[8pt] |\,\tau_{13}\,| + |\,\tau_{23}\,| = \dfrac{1}{2}(\sigma_1 + \sigma_2) - \sigma_3 = \sigma_s,\quad \text{当}\ |\,\tau_{12}\,| \leqslant |\,\tau_{23}\,| \end{array}\right\}$$

整理后:

$$2\sigma_1 - (\sigma_2 + \sigma_3) = 2\sigma_s, \qquad \text{当} |\tau_{12}| \geqslant |\tau_{23}| \Big\}$$
$$2\sigma_3 - (\sigma_1 + \sigma_2) = -2\sigma_s, \qquad \text{当} |\tau_{12}| \leqslant |\tau_{23}| \Big\} \tag{6-29}$$

上式与式(6-27)比较可知,双剪应力屈服条件与最大偏应力屈服条件是等价的。

6.3　与静水应力有关的常见屈服条件

6.3.1　最大拉应力屈服条件(Rankine 准则)

最大拉应力屈服条件是由 Rankine 于 1876 年提出的,现在已被普遍接受并用于确定脆性材料是否发生拉伸破坏。该屈服条件可表达为:

$$\max(\sigma_1, \sigma_2, \sigma_3) = f'_t \tag{6-30}$$

其中 f'_t 为材料在简单拉伸时的强度极限。这个屈服条件的几何图形如图 6-10 所示。

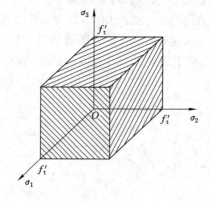

图 6-10

这个图形是由 3 个分别垂直于 3 个坐标轴的平面构成。其表面称为拉伸破坏面或拉伸断裂面。

当 $\sigma_1 \geqslant \sigma_2 \geqslant \sigma_3$ 时, $-\dfrac{\pi}{6} \leqslant \theta_\sigma \leqslant \dfrac{\pi}{6}$,此时式(6-30)为 $\sigma_1 = f'_t$,由式(6-10)知 $\dfrac{x}{\sqrt{2}} - \dfrac{y}{\sqrt{6}}$ $+ \dfrac{z}{\sqrt{3}} - f'_t = 0$,换成极坐标,利用式(6-12)有:

$$f(I_1, J_2, \theta_\sigma) = 2\sqrt{3J_2}\cos\left(\theta_\sigma + \frac{\pi}{6}\right) + I_1 - 3f'_t = 0, \quad -\frac{\pi}{6} \leqslant \theta_\sigma \leqslant \frac{\pi}{6} \tag{6-31}$$

可见,最大拉应力屈服条件明显与静水应力有关。

现考察最大拉应力屈服条件在 π 平面($I_1 = 0$)上的几何图形,由式(6-31)令 $I_1 = 0$ 有:

$$2\sqrt{3J_2}\cos\left(\theta_\sigma + \frac{\pi}{6}\right) - 3f'_t = 0, \quad -\frac{\pi}{6} \leqslant \theta_\sigma \leqslant \frac{\pi}{6} \tag{6-32}$$

利用 π 平面上的极坐标关系 $r_\sigma = \sqrt{2J_2}$,代入上式有

$$\sqrt{6}\,r_\sigma\cos\left(\theta_\sigma + \frac{\pi}{6}\right) - 3f'_t = 0, \quad -\frac{\pi}{6} \leqslant \theta_\sigma \leqslant \frac{\pi}{6}$$

将上式极坐标 r_σ, θ_σ 坐标换成直角坐标 x, y,有:

$$y = \sqrt{3}\,x - \sqrt{6}\,f'_t, \quad -\frac{\pi}{6} \leqslant \theta_\sigma \leqslant \frac{\pi}{6} \tag{6-33}$$

这是一条与 x 轴夹角成 $60°$ 的直线,利用对称性可以拓展出完整的图形,如图 6-11(a) 所示。

平面应力状态下,假定 $\sigma_3 = 0$,则屈服曲线退化为如图 6-11(b) 所示。

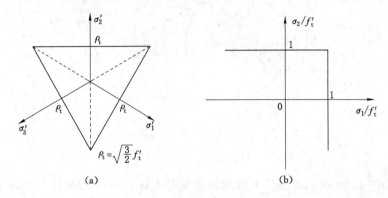

图 6-11

(a) π 平面上;(b) 二维应力状态下

6.3.2 Mohr-Coulomb 屈服条件

1900 年 Mohr 提出了一个假设:当某微分面上的剪应力 τ 达到一定极限值时,材料发生屈服。与 Tresca 屈服条件不同的是,Mohr 认为极限值不是常数,而是与该微分面上的正应力有关。其一般形式为:

$$|\tau| = g(\sigma)$$

式中函数 $g(\sigma)$ 由实验确定。具体步骤:按照不同应力路径弹性加载使材料屈服,记录屈服时的应力状态,并将它对应的最大 Mohr 圆绘在 $\sigma\tau$ 坐标面上,作这些 Mohr 圆的包络线得到 $g(\sigma)$。一般来讲,包络线不一定是直线,换句话说 $g(\sigma)$ 不一定是线性函数,如图 6-12 所示。

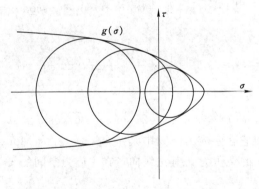

图 6-12

对于土或受静水压力不太大的岩石,可以假定包络线就是直线,如图 6-13 所示,这时称为 Coulomb(1773 年) 条件。代数式为

$$|\tau| = c - \sigma \tan \varphi \tag{6-34}$$

式中 c 称为黏聚力,φ 称为内摩擦角。它们都是材料常数,由实验确定。

当内摩擦角 φ 为零时,式(6-34) 就退化为 Tresca 屈服条件,c 就是纯剪切时的屈服应

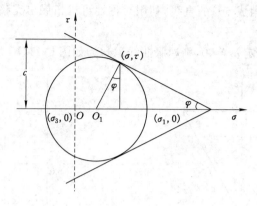

图 6-13

力。所以，Mohr-Coulomb 屈服条件可以理解为就是考虑材料内摩擦时 Tresca 屈服条件的推广。

假设 $\sigma_1 \geqslant \sigma_2 \geqslant \sigma_3$，下面用主应力来表达 Mohr-Coulomb 屈服条件式(6-34)，由图 6-13 知

$$
\left.
\begin{aligned}
\tau &= \frac{1}{2}(\sigma_1 - \sigma_3)\cos\varphi \\
\sigma &= \frac{1}{2}(\sigma_1 + \sigma_3) + \frac{1}{2}(\sigma_1 - \sigma_3)\sin\varphi
\end{aligned}
\right\}
$$

代入式(6-34)有

$$
\frac{1}{2}(\sigma_1 - \sigma_3)\cos\varphi = c - \left[\frac{1}{2}(\sigma_1 + \sigma_3) + \frac{1}{2}(\sigma_1 - \sigma_3)\sin\varphi\right]\tan\varphi
$$

化简后

$$
f = \frac{1}{2}(\sigma_1 - \sigma_3) + \frac{1}{2}(\sigma_1 + \sigma_3)\sin\varphi - c\cos\varphi = 0 \tag{6-35}
$$

上式可进一步写为

$$
f = \frac{1}{2}(s_1 - s_3) + \frac{1}{2}(s_1 + s_3 + 2\sigma_{\mathrm{m}})\sin\varphi - c\cos\varphi = 0 \tag{6-36}
$$

利用式(6-9)，上式可写为

$$
\sqrt{3}\,x - y\sin\varphi + \sqrt{2}\,z\sin\varphi - \sqrt{6}\,c\cos\varphi = 0 \tag{6-37}
$$

上式是一线性方程，所以它在主应力空间中是一个平面，称为 Mohr-Coulomb 屈服面。设该平面与 L 直线(即 z 轴)的夹角为 β。其法线向量在主应力空间的 x, y, z 坐标系中为

$$
\left(\frac{\partial f}{\partial x}, \frac{\partial f}{\partial y}, \frac{\partial f}{\partial z}\right) = (\sqrt{3}, -\sin\varphi, \sqrt{2}\sin\varphi) \tag{6-38}
$$

$$
\begin{aligned}
\sin\beta = \cos\left(\frac{\pi}{2} - \beta\right) &= (0, 0, 1) \cdot \left(\frac{\partial f}{\partial x}, \frac{\partial f}{\partial y}, \frac{\partial f}{\partial z}\right) \Big/ \left|\left(\frac{\partial f}{\partial x}, \frac{\partial f}{\partial y}, \frac{\partial f}{\partial z}\right)\right| \\
&= \frac{\sqrt{2}\sin\varphi}{\sqrt{3(1 + \sin^2\varphi)}}
\end{aligned}
$$

可见 β 由内摩擦角 φ 决定，当 $\varphi \neq 0$ 时，Mohr-Coulomb 屈服面必与 L 直线相交。令 Mohr-Coulomb 屈服面方程(6-37)中 $x = 0, y = 0$ 得与 L 直线的交点 z 坐标为：

$$z = \sqrt{3}\,c \cot \varphi \tag{6-39}$$

令式 (6-37) 中 $z = 0$ 即 $\sigma_{\mathrm{m}} = 0$，得 Mohr-Coulomb 屈服面在 π 平面上的屈服曲线：

$$\sqrt{3}\,x - y \sin \varphi - \sqrt{6}\,c \cos \varphi = 0 \tag{6-40}$$

上式显然是一条直线，由于假定 $\sigma_1 \geqslant \sigma_2 \geqslant \sigma_3$，所以上式仅在 $-30° \leqslant \theta_\sigma \leqslant 30°$ 范围内有效，根据对称性，可以拓展出整个屈服曲线，如图 6-14 所示，为一个非正的八边形。

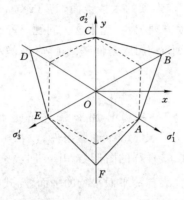

图 6-14

从图中可以看出，Mohr-Coulomb 材料的拉、压屈服点不对称，抗压能力好于抗拉能力，这与岩土类材料一致。

式 (6-40) 也可以表达成极坐标的形式：

$$r_\sigma(\sqrt{3} \cos \theta_\sigma - \sin \theta_\sigma \sin \varphi) - \sqrt{6}\,c \cos \varphi = 0 \tag{6-41}$$

在整个三维主应力空间来看 Mohr-Coulomb 屈服面为六棱锥面，其顶点在 L 直线上，如图 6-15 所示。由式 (6-39) 有顶点到原点的距离为 $\sqrt{3}\,c \cot \varphi$。

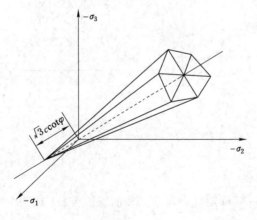

图 6-15

可以用应力不变量来表示 Mohr-Coulomb 屈服面方程。由式 (6-37)，注意到 $x = r_\sigma \cos \theta_\sigma$，$y = r_\sigma \sin \theta_\sigma$，$z = \sqrt{3}\sigma_{\mathrm{m}} = \dfrac{1}{\sqrt{3}} I_1$，$r_\sigma = \sqrt{2J_2}$，有：

$$\sqrt{J_2}\left(\cos\theta_\sigma - \frac{1}{\sqrt{3}}\sin\theta_\sigma\sin\varphi\right) + \frac{1}{3}I_1\sin\varphi - c\cos\varphi = 0 \tag{6-42}$$

从上式可以看出 Mohr-Coulomb 屈服条件与 I_1 或者说静水压力有关。

6.3.3 Drucker-Prager 屈服条件

实验表明，Mohr-Coulomb 屈服条件是比较符合岩石、土和混凝土这类材料的屈服破坏特征的。然而，其屈服面是一个带尖顶的六棱锥面，与 Tresca 屈服条件类似，如果不知道主应力的大小顺序，使用起来不太方便。为了克服这一问题，1952 年，提出 Drucker-Prager 屈服条件，简称为 DP 屈服条件，在 Mises 屈服条件基础上，考虑静水应力的一个简单办法就是直接加上一个静水项（即 I_1）：

$$\alpha I_1 + \sqrt{J_2} - k = 0 \tag{6-43}$$

其中 α、k 为材料常数。当 $\alpha = 0$ 时，DP 屈服条件就退化成 Mises 屈服条件，因此 Drucker-Prager 屈服条件又称为广义 Mises 屈服条件。

在 π 平面上，$I_1 = 0$，此时式 (6-43) 的图形与 Mises 屈服条件一样是一个圆，而圆的半径就是 $\sqrt{2}k$。I_1 为非零的常数时，代表与 π 平面平行的平面，与式 (6-43) 相交线也是圆，此时这个圆的半径是 $\sqrt{2}(k - \alpha I_1)$。从三维主应力空间来看，式 (6-43) 的几何图形应该是一个圆锥，如图 6-16 所示。圆锥的顶点可由 $\sqrt{2}(k - \alpha I_1) = 0$，即 $I_1 = \dfrac{k}{\alpha}$ 求得，该顶点在 L 直线上，距离坐标原点为 $\dfrac{I_1}{\sqrt{3}} = \dfrac{k}{\sqrt{3}\alpha}$。

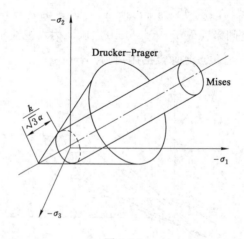

图 6-16

岩土工程界规范了一套确定材料常数 c、φ 的试验方法，这两个参数在工程界得到广泛的应用。下面介绍通过 c、φ 来确定 α、k。

对比 Mohr-Coulomb 屈服条件和 Drucker-Prager 屈服条件，我们首先要求两者锥顶点相同，即 $\dfrac{k}{\sqrt{3}\alpha} = \sqrt{3}c\cot\varphi$，得到了第一个方程：

$$\alpha = \frac{k\tan\varphi}{3c} \tag{6-44}$$

在 π 平面 Drucker-Prager 的圆与 Mohr-Coulomb 六边形的关系有多种可能,如圆过外角点、过内角点、内切、等面积等多种关系,过不同的点就会有不同的方程。

(1) 过外角点(DP1 准则)

如图 6-14 所示,圆过 B 点。令 $\theta_{\sigma B}=\dfrac{\pi}{6}$,由式(6-41)得 $r_{\sigma B}=\dfrac{2\sqrt{6}\,c\cos\varphi}{3-\sin\varphi}$,因为 $r_{\sigma B}=\sqrt{2}\,k$,此时记 k 为 k_1

$$k_1=\frac{6c\cos\varphi}{\sqrt{3}(3-\sin\varphi)} \tag{6-45}$$

代入式(6-44)得

$$\alpha_1=\frac{2\sin\varphi}{\sqrt{3}(3-\sin\varphi)} \tag{6-46}$$

(2) 过内角点(DP2 准则)

圆过 A 点。令 $\theta_{\sigma A}=-\dfrac{\pi}{6}$,由式(6-41)得 $r_{\sigma A}=\dfrac{2\sqrt{6}\,c\cos\varphi}{3+\sin\varphi}$

$$\left.\begin{array}{l}\alpha_2=\dfrac{2\sin\varphi}{\sqrt{3}(3+\sin\varphi)}\\[3mm]k_2=\dfrac{6c\cos\varphi}{\sqrt{3}(3+\sin\varphi)}\end{array}\right\} \tag{6-47}$$

(3) 圆内切六边形(DP3 准则)

同理可得:

$$\left.\begin{array}{l}\alpha_3=\dfrac{\sin\varphi}{\sqrt{3}\sqrt{3+\sin^2\varphi}}\\[3mm]k_3=\dfrac{3c\cos\varphi}{\sqrt{3}\sqrt{3+\sin^2\varphi}}\end{array}\right\} \tag{6-48}$$

(4) 圆与六边形等面积(DP4 准则)

同理可得:

$$\left.\begin{array}{l}\alpha_4=\dfrac{\sqrt{2}\sin\varphi}{\pi(9-\sin^2\varphi)}\\[3mm]k_4=\dfrac{3\sqrt{2}\,c\cos\varphi}{\pi(9-\sin^2\varphi)}\end{array}\right\} \tag{6-49}$$

选择哪种屈服准则取决于材料的应力状态和材料本身的特性。

虽然 Drucker-Prager 屈服条件在数学上比 Mohr-Coulomb 屈服条件有方便之处,但也应该看到它的不足,依据 Drucker-Prager 屈服条件,拉伸的屈服应力与压缩的屈服应力绝对值是一样的,但对于岩土类材料来说,这显然是不对的。

6.4　各向异性屈服条件

尽管多数材料可以看成是各向同性的,但材料在不同方向上的特性严格来讲是不同的。有些材料方向性很强,必须看作各向异性,这类材料的屈服准则不能只用主应力来表达,应该用式(6-1)来表达。

对于比较常见的正交各向异性材料来讲,每一点都有三个互相正交的对称面,这些面的交线称为各向异性主轴。对于这样正交各向异性材料,它们的拉压响应相同且不受静水压力的影响,Hill(1948)提出了下述屈服条件:

$$f(\sigma_{ij}) = a_1(\sigma_y - \sigma_z)^2 + a_2(\sigma_z - \sigma_x)^2 + a_3(\sigma_x - \sigma_y)^2 +$$
$$a_4\tau_{yz}^2 + a_5\tau_{zx}^2 + a_6\tau_{xy}^2 - 1 = 0 \tag{6-50}$$

其中 a_i 为由实验确定的 6 个材料参数,需要 6 个实验来获得这 6 个参数。通常用 3 个各向异性主轴的单向拉伸实验获得 3 个拉伸屈服应力 $\sigma_x^s, \sigma_y^s, \sigma_z^s$,我们用 3 个纯剪切实验获得 3 个剪切屈服应力:$\tau_{xy}^s, \tau_{yz}^s, \tau_{zx}^s$,这样 6 个材料参数就可确定:

$$
\left.
\begin{aligned}
a_1 &= \frac{1}{2}\left[\frac{1}{(\sigma_y^s)^2} + \frac{1}{(\sigma_z^s)^2} - \frac{1}{(\sigma_x^s)^2}\right] \\
a_2 &= \frac{1}{2}\left[\frac{1}{(\sigma_x^s)^2} + \frac{1}{(\sigma_z^s)^2} - \frac{1}{(\sigma_y^s)^2}\right] \\
a_3 &= \frac{1}{2}\left[\frac{1}{(\sigma_x^s)^2} + \frac{1}{(\sigma_y^s)^2} - \frac{1}{(\sigma_z^s)^2}\right] \\
a_4 &= \frac{1}{(\tau_{yz}^s)^2} \\
a_5 &= \frac{1}{(\tau_{zx}^s)^2} \\
a_6 &= \frac{1}{(\tau_{xy}^s)^2}
\end{aligned}
\right\} \tag{6-51}
$$

Hill 屈服条件形式简单,但未考虑 Bauschinger 效应,并假设静水应力不影响屈服。目前式(6-50)仍被广泛应用,且称之为 Hill48 屈服条件。

6.5　屈服条件的实验验证

各种屈服条件的可靠性需要由实验来加以验证。对于金属类材料,通常利用薄圆管试件的拉伸与内压或者拉伸与扭转的联合作用来实现复杂应力状态。

6.5.1　薄壁圆管受拉力和内压实验(Lode,1926)

1926 年,Lode 进行了薄壁圆管受拉力 T 和内水压 p 共同作用的实验,如图 6-17 所示。

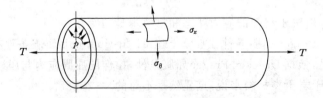

图 6-17

设薄壁圆管的平均半径为 R,壁厚为 $\delta, \delta \ll R$,在远离端部的中间部分,圆管的应力可以认为是均匀的。薄壁圆管的应力为:

$$\sigma_\theta = p\frac{R}{\delta}, \quad \sigma_z = \frac{T}{2\pi R\delta}, \quad \sigma_r \approx 0 \,(\sigma_r \text{ 介于 } -p \sim 0 \text{ 之间})$$

设 $\sigma_\theta \geqslant \sigma_z$，则 $\sigma_1 = \sigma_\theta, \sigma_2 = \sigma_z, \sigma_3 = 0$，由此求得 Lode 应力参数为：

$$\mu_\sigma = \frac{2\sigma_2 - \sigma_1 - \sigma_3}{\sigma_1 - \sigma_3} = \frac{T}{\pi R^2 p} - 1 \tag{6-52}$$

当 $T = 0$ 时，$\mu_\sigma = -1$，对应于单向拉伸，这是在圆管环向的拉伸。

当 $T = \pi R^2 p$ 时，$\mu_\sigma = 0$，对应于纯剪切。

当外载满足 $0 \leqslant T \leqslant \pi R^2 p$ 时，就可得出 $-1 \leqslant \mu_\sigma \leqslant 0$ 之间的任意应力状态。

Lode1926 年首先采用这一实验方法。他由 $\mu_\sigma = \dfrac{2\sigma_2 - \sigma_1 - \sigma_3}{\sigma_1 - \sigma_3}$ 导出：

$$\sigma_1 - \sigma_2 = \frac{1 - \mu_\sigma}{2}(\sigma_1 - \sigma_3), \quad \sigma_2 - \sigma_3 = \frac{1 + \mu_\sigma}{2}(\sigma_1 - \sigma_3)$$

Tresca 屈服条件可写为：

$$\frac{\sigma_1 - \sigma_3}{\sigma_s} = 1$$

Mises 屈服条件可写为：

$$\frac{\sigma_1 - \sigma_3}{\sigma_s} = \frac{2}{\sqrt{3 + \mu_\sigma^2}}$$

双剪屈服条件经过变换可以写为：

$$\frac{\sigma_1 - \sigma_3}{\sigma_s} = \frac{4}{3 + |\mu_\sigma|}$$

Lode 用铜、铁、镍三种材料的薄壁圆管进行了实验，他将实验结果标示在以 $\dfrac{\sigma_1 - \sigma_3}{\sigma_s}$ 为纵轴，μ_σ 为横轴的坐标系中，如图 6-18 所示，实验结果与 Mises 屈服条件较为接近。

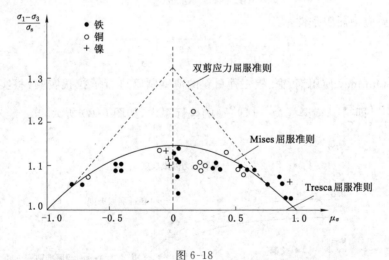

图 6-18

6.5.2 薄壁圆管拉扭实验（Taylor-Quinney，1931）

试件模型与 Lode 实验相同，外载把内压换成了扭矩 M，如图 6-19 所示。

$$\sigma_z = \frac{T}{2\pi R\delta} \equiv \sigma, \quad \tau_{\theta z} = \frac{M}{2\pi R^2 \delta} \equiv \tau, \quad \sigma_r = 0$$

上述应力状态的主应力为：

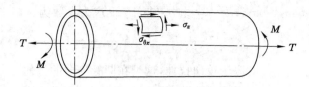

图 6-19

$$\left.\begin{array}{l} \sigma_1 = \dfrac{\sigma}{2} + \dfrac{1}{2}\sqrt{\sigma^2 + 4\tau^2} \\[2mm] \sigma_2 = \sigma_r = 0 \\[2mm] \sigma_3 = \dfrac{\sigma}{2} - \dfrac{1}{2}\sqrt{\sigma^2 + 4\tau^2} \end{array}\right\} \tag{6-53}$$

因此，Lode 参数可以表示为：

$$\mu_\sigma = \frac{2\sigma_2 - \sigma_1 - \sigma_3}{\sigma_1 - \sigma_3} = \frac{-\sigma}{\sqrt{\sigma^2 + 4\tau^2}} = \frac{-T}{\sqrt{T^2 + 4M^2/R^2}} \tag{6-54}$$

可见，只要 $T \geqslant 0$，改变 T 与 M 之间的比值就可以得到任意应力状态。

对 Mises 屈服条件有 $J_2 = \dfrac{1}{6}(2\sigma^2 + 6\tau^2) = \dfrac{1}{3}\sigma_s^2$，即

$$\left(\frac{\sigma}{\sigma_s}\right)^2 + 3\left(\frac{\tau}{\sigma_s}\right)^2 = 1 \tag{6-55}$$

对于 Tresca 屈服条件有 $\sigma_1 - \sigma_3 = \sqrt{\sigma^2 + 4\tau^2} = \sigma_s$，即

$$\left(\frac{\sigma}{\sigma_s}\right)^2 + 4\left(\frac{\tau}{\sigma_s}\right)^2 = 1 \tag{6-56}$$

对于双剪应力屈服条件，有

$$\frac{1}{4}\left(\frac{\sigma}{\sigma_s}\right) + \frac{3}{4}\sqrt{\left(\frac{\sigma}{\sigma_s}\right)^2 + 4\left(\frac{\tau}{\sigma_s}\right)^2} = 1 \tag{6-57}$$

Taylor-Quinney 使用钢、铜、铝三种材料的薄壁圆管进行了拉扭实验，将实验结果标示在纵坐标为 $\dfrac{\tau}{\sigma_s}$（即 $\dfrac{\tau_{\theta z}}{\sigma_s}$），横坐标为 $\dfrac{\sigma}{\sigma_s}$（即 $\dfrac{\sigma_z}{\sigma_s}$）的坐标系中，如图 6-20 所示。

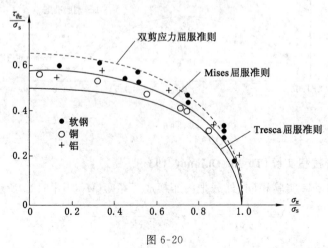

图 6-20

由图 6-20 可见,实验结果与 Mises 屈服条件和双剪应力屈服条件较为接近。

6.6 后继屈服条件

屈服条件事实上确定了材料弹性响应的范围或者说界限。当材料屈服后进入了塑性变形阶段,如果是强化材料,继续加载,应力可能会提高,如果卸载,则立即进入弹性阶段。如果再加载,直到卸载前曾经达到的最高应力点时,材料才再次屈服。这表明材料的弹性范围发生了变化,我们称这个新的弹性范围的界限为后继屈服条件,又称为加载条件。对应的代数表达称为后继屈服函数或加载函数,对应的几何表达称为后继屈服面或加载面。与初始屈服条件不同,后继屈服条件会随着加载历史而不断变化。通常在应力空间中描述加载条件,其一般的函数形式为:

$$\phi(\sigma_{ij}, h_a) = 0$$

式中,h_a 是一组描述塑性变形历史的内变量,它可以是一个标量或多个标量。

如果材料是理想塑性材料,屈服后,应力不再增长,因而弹性范围不会发生变化。因此理想塑性材料的后继屈服条件与初始屈服条件没有区别。

对于强化材料,后继屈服条件(加载条件)与初始屈服条件不同,在应力空间中表现为随着塑性变形的发展,后继屈服面(加载面)不断发生变化。

我们用 $f(\sigma_{ij}) = 0$ 表示初始屈服面,则:

① 对于理想塑性材料有:$\phi = f$;

② 对于强化材料有:$\phi \neq f$。

由于强化材料加载面的变化很复杂,不容易用实验的方法确定加载函数的具体形式,常常需要采用一些简化模型。下面介绍几种复杂应力状态下常用的模型。

6.6.1 等向强化模型

等向强化模型假定加载面在应力空间中的形状和中心位置保持不变,但随着塑性变形的增加而逐渐等向地扩大。加载函数可以表达为:

$$\phi = f(\sigma_{ij}) - K$$

其中 f 是初始屈服函数,$K = K(h_a)$ 是 h_a 的单调正函数,h_a 是描述塑性变形历史的一个参数。在塑性加载的过程中,K 逐渐加大。从几何上看,加载面是初始屈服面的相似扩大,如图 6-21 所示。

在复杂应力状态下,K 的取法通常有以下两种:

(1) K 取为等效塑性应变增量 $\overline{d\varepsilon^p}$ 的函数

$$K = \psi\left(\int \overline{d\varepsilon^p}\right)$$

其中

$$\overline{d\varepsilon^p} = \sqrt{\frac{2}{3} d\varepsilon_{ij}^p \, d\varepsilon_{ij}^p}$$

函数 ψ 可以根据材料的拉伸(或剪切)实验得到,取 $\psi(0) = \sigma_s$。

(2) K 取为塑性比功 dW^p 的函数

$$K = F\left(\int dW^p\right)$$

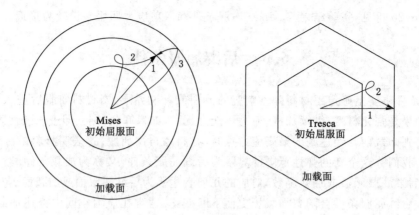

图 6-21

其中

$$dW^p = \sigma_{ij}\,d\varepsilon_{ij}^p$$

函数 F 可以根据材料的拉伸(或剪切)试验得到。且取 $F(0) = \sigma_s$。

如果采用 Mises 屈服条件,后继屈服函数为

$$\phi = \bar{\sigma} - K = 0$$

其中 $\bar{\sigma}$ 为等效应力。

等向强化模型比较适用于单晶体材料,不适用于多晶体材料。

6.6.2 随动强化模型

随动强化模型假定在塑性变形过程中加载面的大小和形状都保持不变,只是整体在应力空间中作平移,如图 6-22 所示。

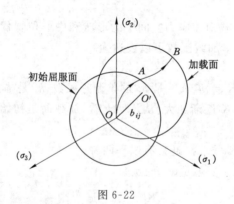

图 6-22

加载面的表达式可以写为

$$\phi = f(\sigma_{ij} - b_{ij}) = 0$$

其中 f 是初始屈服函数;b_{ij} 称为背应力,是加载面的中心在应力空间中的位置,它是塑性变形的历史 h_a 的函数。当取 $b_{ij} = c\varepsilon_{ij}^p$ 时,c 为材料常数,表示材料强化的大小,可由实验确定。此时的模型称为线性随动强化模型。

具体到 Mises 屈服条件, $f = \bar{\sigma} - \sigma_s = 0, \bar{\sigma} = \sqrt{3J_2} = \sqrt{\dfrac{3}{2} s_{ij} s_{ij}}$, 将 s_{ij} 用 $s_{ij} - c\varepsilon_{ij}^p$ 代替, 得到加载面为

$$\phi = \sqrt{\frac{3}{2}(s_{ij} - c\varepsilon_{ij}^p)(s_{ij} - c\varepsilon_{ij}^p)} - \sigma_s = 0$$

可由简单拉伸实验确定参数 c, 此时, $s_1 = \dfrac{2}{3}\sigma, s_2 = s_3 = -\dfrac{1}{3}\sigma, \varepsilon_1^p = \varepsilon^p, \varepsilon_2^p = \varepsilon_3^p = -\dfrac{1}{2}\varepsilon^p$, 于是 $\phi = \sigma - \dfrac{3}{2}c\varepsilon^p - \sigma_s = 0$, 求得

$$\sigma = \sigma_s + \frac{3}{2}c\varepsilon^p$$

若材料拉伸曲线为 $\sigma = \sigma_s + E_p\varepsilon^p$, 则

$$c = \frac{2}{3}E_p$$

6.6.3 组合强化模型

将等向强化模型与随动强化模型结合就产生了组合强化模型。其加载面函数形式为

$$\phi = f(\sigma_{ij} - b_{ij}) - K = 0$$

其中 b_{ij} 和 K 都与塑性加载历史有关。从几何上看,就是加载过程中屈服面的位置和大小都同时发生变化,如图 6-23 所示。

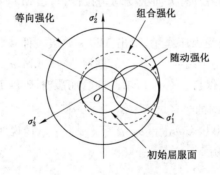

图 6-23

后继屈服面多年来已做了大量的实验研究工作,实验结果有的接近随动强化模型,有的显示出在加载点附近加载面的曲率有显著的增大,因而比较接近具有尖点的理论模型。一般来说,加载历史越复杂,得到的加载面越不规则,也越难描述。

习   题

6.1 设 $F(\sigma_1, \sigma_2, \sigma_3) = 0$ 为屈服函数,试证明,若它与平均应力无关,则有下式:

$$\frac{\partial F}{\partial \sigma_1} + \frac{\partial F}{\partial \sigma_2} + \frac{\partial F}{\partial \sigma_3} = 0$$

6.2 物体中某点的应力状态为

$$\sigma_{ij} = \begin{bmatrix} -100 & 0 & 0 \\ 0 & -200 & 0 \\ 0 & 0 & -300 \end{bmatrix} \text{MPa}$$

材料的拉伸屈服极限为 $\sigma_s = 195$ MPa，试用 Mises 和 Tresca 屈服条件判断该应力是处于弹性状态还是塑性状态。

6.3 已知平面应力状态 $\sigma_x = 750$ MPa，$\sigma_y = 150$ MPa，$\tau_{xy} = 150$ MPa，正好使材料屈服，试用 Mises 和 Tresca 屈服条件计算材料单向拉伸时的屈服极限 σ_s 为多大。

6.4 在平面应力状态问题中，$\sigma_z = \tau_{xz} = \tau_{yz} = 0$，试将 Mises 屈服条件和 Tresca 屈服条件用 σ_x，σ_y，τ_{xy} 表示出来，规定单向拉伸时两种屈服条件重合。

6.5 在平面应变状态问题中，$\varepsilon_z = \gamma_{xz} = \gamma_{yz} = 0$ 及 $\nu = \dfrac{1}{2}$，试将 Mises 屈服条件和 Tresca 屈服条件用 σ_x，σ_y，τ_{xy} 表示出来，规定单向拉伸时两种屈服条件重合。

6.6 一薄壁圆管，半径为 R，壁厚为 t，承受内压 p 作用，讨论以下三种情况：

（1）圆管两端是自由的；

（2）圆管两端是固定的；

（3）圆管两端是封闭的。

分别对 Mises 和 Tresca 两种屈服条件，求 p 多大时圆管达到屈服。规定纯剪切时两种屈服条件重合，剪切屈服应力为 τ_s。

6.7 薄平板在其平面内所有方向上受均匀拉伸，写出 Mises 屈服条件和 Tresca 屈服条件。

6.8 一封闭球形薄壳受内压作用，写出 Mises 屈服条件和 Tresca 屈服条件。

6.9 一薄壁圆管，平均半径 $R = 50$ mm，壁厚 $t = 3$ mm，$\sigma_s = 240$ MPa，承受拉力 P 和扭矩 T 作用，在加载过程中保持 $\sigma/\tau = 1$，求此圆管屈服时 P 和 T。

6.10 试证明，Mises 圆的半径 $r = \sqrt{s_1^2 + s_2^2 + s_3^2}$。

6.11 给定一平面应力状态，$\sigma_{11} = \sigma$，$\sigma_{12} = \tau$，$\sigma_{22} = 0$，请说明此时的 Mises 屈服条件和 Tresca 屈服条件均可表示为

$$\left(\frac{\sigma}{\sigma_s}\right)^2 + \left(\frac{\tau}{\tau_s}\right)^2 = 1$$

式中，σ_s，τ_s 分别为单向拉伸和纯剪切时的屈服应力。

第7章 塑性本构关系

7.1 弹性本构关系

当应力足够小时,材料处于弹性状态,本构关系就是广义 Hooke 定律。在直角坐标系里,各向同性材料的本构关系为

$$\left.\begin{array}{l} \varepsilon_x = \dfrac{1}{E}[\sigma_x - \nu(\sigma_y + \sigma_z)], \gamma_{xy} = \dfrac{\tau_{xy}}{G} \\[2mm] \varepsilon_y = \dfrac{1}{E}[\sigma_y - \nu(\sigma_x + \sigma_z)], \gamma_{yz} = \dfrac{\tau_{yz}}{G} \\[2mm] \varepsilon_z = \dfrac{1}{E}[\sigma_z - \nu(\sigma_x + \sigma_y)], \gamma_{zx} = \dfrac{\tau_{zx}}{G} \end{array}\right\} \tag{7-1}$$

其中 E 是弹性模量,ν 是泊松比,G 是剪切模量,且有 $G = \dfrac{E}{2(1+\nu)}$。

采用张量写法时,广义 Hooke 定律式(7-1)可写成

$$\varepsilon_{ij} = \frac{\sigma_{ij}}{2G} - \frac{3\nu}{E}\sigma_{\mathrm{m}}\delta_{ij} \tag{7-2}$$

其中 $\sigma_{\mathrm{m}} = \dfrac{1}{3}\sigma_{kk}$ 是平均正应力。

由式(7-2)有

$$\varepsilon_{kk} = \frac{\sigma_{kk}}{2G} - \frac{3\nu}{E}3\sigma_{\mathrm{m}} = \frac{3(1-2\nu)}{E}\sigma_{\mathrm{m}}$$

ε_{kk} 就是体积应变,引入体积弹性模量 $K = \dfrac{E}{3(1-2\nu)}$,上式可写为

$$\varepsilon_{kk} = \frac{\sigma_{\mathrm{m}}}{K} \tag{7-3}$$

利用偏张量,式(7-2)可简化为

$$e_{ij} = \frac{1}{2G}s_{ij} \tag{7-4}$$

由于 $s_{kk} = 0$,式(7-4)中只有 5 个方程是独立的,还需要补充式(7-3)才能与式(7-2)等价。由上式得

$$J_2' = \frac{1}{2}e_{ij}e_{ij} = \frac{1}{2}\left(\frac{1}{2G}\right)^2 s_{ij}s_{ij} = \left(\frac{1}{2G}\right)^2 J_2$$

由上式进一步可得

$$\bar{\sigma} = 3G\bar{\varepsilon} \tag{7-5}$$

或

$$\bar{\tau} = G\bar{\gamma} \tag{7-6}$$

利用式(7-5),式(7-4) 可写为

$$s_{ij} = \frac{2\bar{\sigma}}{3\bar{\varepsilon}}e_{ij} \tag{7-7}$$

上式在弹性范围内给出了 s_{ij} 与 e_{ij} 之间的线性关系,同时它在形式上便于推广到应力-应变关系是非线性的情况。

当材料屈服发生塑性变形后卸载,材料会立刻进入弹性状态,但此时应力-应变不再满足前面全量形式的广义 Hooke 定律,将全量形式的广义 Hooke 定律改为增量的形式就可以了,即

$$\left.\begin{array}{l} \mathrm{d}s_{ij} = 2G\mathrm{d}e_{ij} \\ \mathrm{d}\sigma_{\mathrm{m}} = 3K\mathrm{d}\varepsilon_{\mathrm{m}} \end{array}\right\} \tag{7-8}$$

对于弹性应变比能 W^{e},可以分解为体积应变比能 W_V^{e} 和形状改变比能 W_ϕ^{e},我们有

$$W^{\mathrm{e}} = \frac{1}{2}\sigma_{ij}\varepsilon_{ij} = \frac{1}{2}(s_{ij}+\sigma_{\mathrm{m}}\delta_{ij})(e_{ij}+\varepsilon_{\mathrm{m}}\delta_{ij})$$

$$= \frac{1}{2}s_{ij}e_{ij} + \frac{3}{2}\sigma_{\mathrm{m}}\varepsilon_{\mathrm{m}} = W_\phi^{\mathrm{e}} + W_V^{\mathrm{e}} \tag{7-9}$$

注意到式(7-4),W_ϕ^{e} 可以表示为

$$W_\phi^{\mathrm{e}} = \frac{1}{2}s_{ij}e_{ij} = \frac{1}{2G}J_2 = \frac{1}{2}\bar{\tau}\bar{\gamma} = \frac{1}{2}G\bar{\gamma}^2 = \frac{1}{2}\bar{\sigma}\bar{\tau} = \frac{1}{6G}\bar{\sigma}^2 \tag{7-10}$$

7.2 Drucker 公设和 Ilyushin 公设

7.2.1 稳定材料和不稳定材料

材料的拉伸曲线有可能呈现如图 7-1 所示的几种形式:

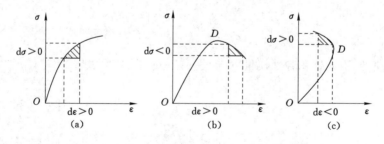

图 7-1

(a) 稳定材料;(b) 不稳定材料;(c) 不可能情况

对于图 7-1(a)所示的材料,随着加载应力增加 $\mathrm{d}\sigma > 0$ 时,产生的相应应变增量 $\mathrm{d}\varepsilon > 0$,应力-应变曲线呈单调递增,材料是强化的,在这一过程中,$\mathrm{d}\sigma\mathrm{d}\varepsilon > 0$,表明附加应力在应变增量上做正功,具有这样性质的材料称为强化材料。对于理想材料,$\mathrm{d}\sigma = 0$,此时,$\mathrm{d}\sigma\mathrm{d}\varepsilon = 0$,我们把强化材料和理想材料统称为稳定材料。在一般应力状态下其数学表达式可写为

$$\mathrm{d}\sigma_{ij}\mathrm{d}\varepsilon_{ij} \geqslant 0$$

对于图 7-1(b)所示的材料,应力应变曲线在 D 点之后有一段是下降的,此时 $d\sigma d\varepsilon < 0$,这样的材料称为不稳定材料或软化材料,曲线下降部分称为软化阶段。

对于图 7-1(c)所示的材料,应力应变曲线在 D 点之后的阶段,应变会随应力增加而减小,这违反了能量守恒定律,所以是不可能的。

7.2.2　Drucker 公设

我们后面讨论的稳定材料的塑性本构关系都是建立在 Drucker 公设基础上的。Drucker 公设的本质是说塑性功具有不可逆的性质。为此我们首先研究如何计算塑性功。

首先我们根据某些材料的实验结果对材料的塑性行为作出三条假设:

(1) 材料的塑性与时间、温度无关。因此塑性功与应变率无关,在计算中没有惯性力,也没有温度变量出现。

(2) (总)应变可以分解为弹性应变和塑性应变,即

$$\varepsilon_{ij} = \varepsilon_{ij}^{e} + \varepsilon_{ij}^{p}$$

(3) 材料的弹性变形规律不因塑性变形出现而改变。对于各向同性弹性体而言,其弹性应变在塑性变形阶段,仍然符合广义 Hooke 定律。即

$$\varepsilon_{ij}^{e} = \frac{\sigma_{ij}}{2G} - \frac{3\nu}{E}\sigma_{m}\delta_{ij}$$

这意味着弹性应变 ε_{ij}^{e} 与塑性应变 ε_{ij}^{p} 无关,ε_{ij}^{e} 与 ε_{ij}^{p} 之间不耦合。

根据以上假设,有

$$\varepsilon_{ij}^{p} = \varepsilon_{ij} - \varepsilon_{ij}^{e} = \varepsilon_{ij} - \left(\frac{\sigma_{ij}}{2G} - \frac{3\nu}{E}\sigma_{m}\delta_{ij} \right)$$

伴随总应变的分解,总功也可以分解:

$$W = \int \sigma_{ij} \, d\varepsilon_{ij} = \int \sigma_{ij} \, d\varepsilon_{ij}^{e} + \int \sigma_{ij} \, d\varepsilon_{ij}^{p}$$
$$= \frac{1}{2}\sigma_{ij}\varepsilon_{ij}^{e} + \int \sigma_{ij} \, d\varepsilon_{ij}^{p} = W^{e} + W^{p}$$

其中弹性功 W^{e} 是可逆的,而塑性功 W^{p} 是不可逆的。

1952 年,Drucker 根据热力学第一定律,对一般应力状态的加载过程提出了以下公设:**对于处于某一状态下的材料质点(或试件),借助一个外部作用,在其原有的应力状态之上,缓慢地施加并卸除一组附加应力,在这一附加应力的施加和卸除的循环内,外部作用所做的功是非负的。**

我们假设材料是稳定的,包括强化材料和理想弹塑性材料,不包括弱化材料。下面我们来分析一个附加的应力循环。

如图 7-2 所示,由拉伸曲线可知,在某一应力水平 σ^{0} 开始缓慢地加载到屈服之时应力记为 σ,此时,再增加一个应力增量 $d\sigma$,将引起一个相应的塑性应变增量 $d\varepsilon^{p}$,然后,将应力逐渐地降回到原来的应力水平 σ^{0}。这样,完成了附加应力的加卸载循环,如图 7-2 中 $ABCE$。

对于复杂应力状态,如图 7-3 所示。原有的应力状态记为 σ_{ij}^{0}(A 点),加载至屈服时应力记为 σ_{ij}(B 点),进一步施加应力增量 $d\sigma_{ij}$ 至 C 点,然后卸除附加应力使应力状态回到 σ_{ij}^{0}(A 点)。这样,完成了附加应力的加卸载循环,如图 7-3 中 $ABCA$。

Drucker 公设要求,在上述应力循环内,附加应力所做的功是非负的,即要求

$$\oint_{\sigma_{ij}^{0}} (\sigma_{ij}^{+} - \sigma_{ij}^{0}) \, d\varepsilon_{ij} \geqslant 0 \tag{7-11}$$

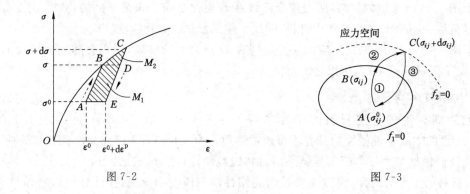

图 7-2   图 7-3

式中 σ_{ij}^+ 表示上述应力循环过程中任意时刻瞬时的应力状态。积分符号 $\oint_{\sigma_{ij}^0}$ 表示上述应力循环,即图 7-3 中 $ABCA$。

由于弹性应变是可逆的,在上述应力循环内,应力在弹性应变上做的功之和一定为零。所以上式就变为

$$\oint_{\sigma_{ij}^0} (\sigma_{ij}^+ - \sigma_{ij}^0)\, d\varepsilon_{ij}^p \geqslant 0 \tag{7-12}$$

在上述应力循环中,塑性变形只在路径 BC 阶段产生,因此,略去高阶小量,Drucker 公设就要求

$$(\sigma_{ij} - \sigma_{ij}^0)\, d\varepsilon_{ij}^p + \frac{1}{2} d\sigma_{ij}\, d\varepsilon_{ij}^p \geqslant 0 \tag{7-13}$$

这里区分两种情况:

(1) 若初始时应力状态 σ_{ij}^0 处于弹性区,即 $\sigma_{ij}^0 \neq \sigma_{ij}$,则上式略去小量简化为

$$(\sigma_{ij} - \sigma_{ij}^0)\, d\varepsilon_{ij}^p \geqslant 0 \tag{7-14}$$

(2) 若初始时应力状态 σ_{ij}^0 处于加载面上,即 $\sigma_{ij}^0 = \sigma_{ij}$,则式(7-13)可简化为

$$d\sigma_{ij}\, d\varepsilon_{ij}^p \geqslant 0 \tag{7-15}$$

上式称为 Drucker 稳定性条件。根据该条件可以推知符合 Drucker 公设的材料必须是稳定的。

7.2.3 Drucker 公设的重要推论

推论 1 屈服面是外凸的。

设 σ_{ij}^0 为加载面内一点,σ_{ij} 为加载面上的点,令应力空间与应变空间重合,如图 7-4 所示。

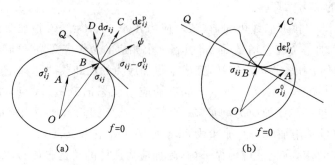

(a)   (b)

图 7-4

以矢量 **OA** 表示 σ_{ij}^0，**OB** 表示 σ_{ij}，**BC** 表示 $\mathrm{d}\varepsilon_{ij}^{\mathrm{p}}$，**BD** 表示 $\mathrm{d}\sigma_{ij}$，则 Drucker 公设第一不等式 (7-14)要求

$$\boldsymbol{AB} \cdot \boldsymbol{BC} \geqslant 0$$

这表示这两个矢量的夹角为锐角或直角。过 B 点作加载面的切平面 Q，即要求 σ_{ij}^0 必须位于与 $\mathrm{d}\varepsilon_{ij}^{\mathrm{p}}$ 方向相反的一侧。由于 σ_{ij}^0 可以是加载面内的任一点，这就要求整个加载面也必须在切平面 Q 的一侧，这就意味着加载面必须是外凸的。

推论 2　塑性应变增量沿加载面的外法向(正交性法则)。

反证法：作 $\mathrm{d}\varepsilon_{ij}^{\mathrm{p}}$ 的垂面 Q，若 $\mathrm{d}\varepsilon_{ij}^{\mathrm{p}}$ 不沿加载面的外法向，则垂面 Q 就不是切平面，因此它把加载面切割成两部分，如图 7-5 所示。这样在垂面 Q 的两侧都有加载面内的点，于是，总能找到与 $\mathrm{d}\varepsilon_{ij}^{\mathrm{p}}$ 在同一侧的 A 点，使得式(7-14)不成立。这显然违反了 Drucker 公设，因此，不可能。这就证明了塑性应变增量必沿加载面的外法向(正交性法则)。

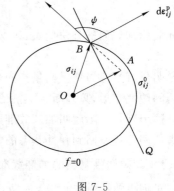

图 7-5

依正交性法则，加载面的外法线与它的梯度方向一致，所以

$$\mathrm{d}\varepsilon_{ij}^{\mathrm{p}} = \mathrm{d}\lambda \frac{\partial \phi}{\partial \sigma_{ij}} \qquad (7\text{-}16)$$

其中 $\mathrm{d}\lambda$ 为一非负的比例系数，是一个标量。由此我们可以看出，应力增量 $\mathrm{d}\sigma_{ij}$ 只影响 $\mathrm{d}\varepsilon_{ij}^{\mathrm{p}}$ 的大小，不影响 $\mathrm{d}\varepsilon_{ij}^{\mathrm{p}}$ 的方向。$\mathrm{d}\varepsilon_{ij}^{\mathrm{p}}$ 的方向是由加载面的外法线确定的，换句话说 $\mathrm{d}\varepsilon_{ij}^{\mathrm{p}}$ 的方向是由 σ_{ij} 确定的。

下一节我们会看到，正交流动法则是推导塑性本构关系的重要依据。

7.2.4　Ilyushin 公设

Drucker 公设是在应力空间中讨论问题的，得出的 Drucker 稳定性条件式(7-15)对于应变软化材料是不成立的。1961 年，Ilyushin 在应变空间中提出了相应的公设，既适用于稳定材料，也适用于应变软化材料。Ilyushin 公设可以表述为：弹塑性材料在应变空间中任意的应变闭循环内，外力所做的功是非负的。若外力功为正，表示材料有塑性变形，若所做的功为零，则只有弹性变形。如图 7-6 所示。

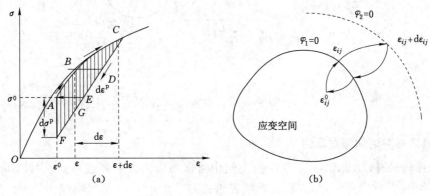

（a）　　　　　　　　　　　　　　（b）

图 7-6

根据 Ilyushin 公设,有

$$W_I = \oint_{\varepsilon_{ij}^0} \sigma_{ij}\,\mathrm{d}\varepsilon_{ij} \geqslant 0 \tag{7-17}$$

由此出发也可以得到加载面外凸性和正交流动法则。

7.3　加卸载准则

上一节中得到的 Drucker 稳定性条件式(7-15)用向量写出来就是

$$\mathrm{d}\boldsymbol{\sigma} \cdot \mathrm{d}\boldsymbol{\varepsilon}^p \geqslant 0 \tag{7-18}$$

用 $\boldsymbol{n}$ 表示加载面的外法向,由正交法则知 $\mathrm{d}\boldsymbol{\varepsilon}^p$ 与 $\boldsymbol{n}$ 同向,上式变为

$$\mathrm{d}\boldsymbol{\sigma} \cdot \boldsymbol{n} \geqslant 0 \tag{7-19}$$

这说明只有当应力增量向量指向加载面的外部时,材料才能产生塑性变形。要判断能否产生新的塑性变形,只判断 σ_{ij} 是否在加载面上还不够,还要判断 $\mathrm{d}\sigma_{ij}$ 是否指向加载面的外部才行。这个判断准则就叫加卸载准则。在这里,"加载"是指材料产生新的塑性变形,而"卸载"是指从塑性状态回到弹性状态的情形。

7.3.1　理想塑性材料的加卸载准则

对理想塑性材料而言,加载面(后继屈服面)同初始屈服面是一样的,即 $\phi = f$,这里 $f(\sigma_{ij}) = 0$ 是初始屈服面。由于理想塑性材料屈服面不能扩大,所以当应力达到屈服面上,应力增量向量就不能指向屈服面外,塑性加载只能是应力点沿着屈服面移动,如图 7-7(a) 所示。加卸载准则的数学表达式为

$$\begin{cases} f(\sigma_{ij}) < 0 & \text{弹性状态} \\ f(\sigma_{ij}) = 0 & \text{且} \begin{cases} \mathrm{d}f = 0 & \text{加载} \\ \mathrm{d}f < 0 & \text{卸载} \end{cases} \end{cases} \tag{7-20}$$

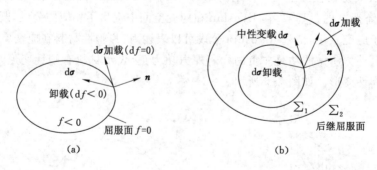

图 7-7

(a) 理想弹塑性材料;(b) 强化材料

7.3.2　强化材料的加卸载准则

对于强化材料,加载面 $\phi = 0$ 在应力空间中可以不断向外扩张或移动,因此,$\mathrm{d}\boldsymbol{\sigma}$ 可以指向外部。如图 7-7(b) 所示,加卸载的数学表达式为

$$
\begin{cases}
\phi < 0 \quad \text{弹性状态} \\
\phi = 0 \quad \text{且}
\begin{cases}
\dfrac{\partial \phi}{\partial \sigma_{ij}} \mathrm{d}\sigma_{ij} > 0 \quad \text{加载} \\[2mm]
\dfrac{\partial \phi}{\partial \sigma_{ij}} \mathrm{d}\sigma_{ij} = 0 \quad \text{中性变载} \\[2mm]
\dfrac{\partial \psi}{\partial \sigma_{ij}} \mathrm{d}\sigma_{ij} < 0 \quad \text{卸载}
\end{cases}
\end{cases}
\tag{7-21}
$$

其中中性变载相当于应力点沿加载面切向变化,因而应力维持在塑性状态但加载面并不扩大的情形。

7.4　增量理论(流动理论)

7.4.1　概述

我们在 7.1 节中已经讨论了弹性范围内的本构关系,即广义 Hooke 定律。现在的问题是要进一步建立超过弹性范围之后的本构关系。它与弹性本构关系最大的区别在于应力应变之间一般不再存在一一对应的关系,只能建立应力与应变增量之间的关系,这种用增量形式表示的塑性本构关系,称为增量理论或流动理论。

材料进入塑性状态后,我们有

$$
\mathrm{d}\varepsilon_{ij} = \mathrm{d}\varepsilon_{ij}^{\mathrm{e}} + \mathrm{d}\varepsilon_{ij}^{\mathrm{p}}
\tag{7-22}
$$

其中弹性应变增量满足广义 Hooker 定律

$$
\mathrm{d}\varepsilon_{ij}^{\mathrm{e}} = \frac{\mathrm{d}\sigma_{ij}}{2G} - \frac{3\nu}{E} \mathrm{d}\sigma_{\mathrm{m}} \delta_{ij}
\tag{7-23}
$$

另一方面,由 Drucker 公设得出的正交性法则,有

$$
\mathrm{d}\varepsilon_{ij}^{\mathrm{p}} = \mathrm{d}\lambda \frac{\partial \phi}{\partial \sigma_{ij}}
\tag{7-24}
$$

将式(7-23)和式(7-24)代入式(7-22)就得到了一般形式的塑性增量本构关系

$$
\mathrm{d}\varepsilon_{ij} = \frac{\mathrm{d}\sigma_{ij}}{2G} - \frac{3\nu}{E} \mathrm{d}\sigma_{\mathrm{m}} \delta_{ij} + \mathrm{d}\lambda \frac{\partial \phi}{\partial \sigma_{ij}}
\tag{7-25}
$$

或

$$
\mathrm{d}e_{ij} = \frac{\mathrm{d}s_{ij}}{2G} + \mathrm{d}\lambda \frac{\partial \phi}{\partial \sigma_{ij}}
\tag{7-26}
$$

7.4.2　塑性势理论

在 Drucker 公设提出之前,人们并不了解塑性应变增量与加载面有什么关系,1928 年,Mises 类比了弹性应变可用弹性位势函数对应力求偏导数的表达式,提出了塑性位势函数的概念,其数学形式为

$$
\mathrm{d}\varepsilon_{ij}^{\mathrm{p}} = \mathrm{d}\lambda \frac{\partial g}{\partial \sigma_{ij}}
\tag{7-27}
$$

其中 $g = g(\sigma_{ij})$ 是塑性位势函数。上式称为塑性位势理论。在有了 Drucker 公设以后,在该公设成立的条件下,必然有 $g = \phi$,于是塑性位势理论又被区分为两种情形:

(1) $g = \phi$,称式(7-27)为与加载条件相关联的流动法则,这适用于符合 Drucker 公设的

稳定性材料。

（2）$g \neq \phi$，称式（7-27）为非关联的流动法则，对于有软化效应的非稳定性材料，如岩土，比较适用。

7.4.3 理想塑性材料与 Mises 条件相关联的流动法则

对于理想材料，有 $\phi = f$，这里是屈服函数，由式（7-24）得

$$d\varepsilon_{ij}^p = d\lambda \frac{\partial f}{\partial \sigma_{ij}} \tag{7-28}$$

采用 Mises 屈服条件时，$f = J_2 - \tau_s^2 = 0$，易证

$$\frac{\partial J_2}{\partial \sigma_{ij}} = s_{ij}$$

代入式（7-24）有

$$d\varepsilon_{ij}^p = d\lambda s_{ij} \tag{7-29}$$

这就是理想塑性材料与 Mises 条件相关联的流动法则。

（1）理想弹塑性材料——Prandtl-Reuss 关系

将式（7-29）代入式（7-26）并联立式（7-3）就得到了理想弹塑性材料的增量本构关系

$$\left. \begin{array}{l} de_{ij} = \dfrac{ds_{ij}}{2G} + d\lambda s_{ij} \\[2mm] d\varepsilon_{kk} = \dfrac{1-2\nu}{E} d\sigma_{kk} \\[2mm] d\lambda \begin{cases} = 0, \text{当 } J_2 < \tau_s^2 \text{ 或 } J_2 = \tau_s^2, dJ_2 < 0 \\ \geqslant 0, \text{当 } J_2 = \tau_s^2, dJ_2 = 0 \end{cases} \end{array} \right\} \tag{7-30}$$

这就是 Prandtl-Reuss 关系。先是由 Prandtl 在 1924 年对平面应变的特殊情况提出，后来 Reuss 在 1930 年对一般三维情形给出。

关于比例因子 $d\lambda$，它决定塑性应变增量的大小。对于理想弹塑性材料而言，屈服后，塑性应变可以任意增长，塑性应变的大小不取决于受力状况，而取决于所受到的单元周围的约束情况，换句话说，$d\lambda$ 不能也不该由本构关系确定。

不过如果知道了塑性应变增量 $d\varepsilon_{ij}^p$，则可以确定 $d\lambda$。由式（7-29）有

$$d\varepsilon_{ij}^p d\varepsilon_{ij}^p = (d\lambda)^2 s_{ij} s_{ij}$$

$$d\lambda = \frac{\sqrt{d\varepsilon_{ij}^p d\varepsilon_{ij}^p}}{\sqrt{2J_2}} = \sqrt{\frac{3}{2}} \frac{\sqrt{d\varepsilon_{ij}^p d\varepsilon_{ij}^p}}{\sigma_s} = \frac{3}{2} \frac{\overline{d\varepsilon^p}}{\sigma_s}$$

如果知道了塑性功增量 dW^p，也可以确定 $d\lambda$。由式（7-29）有

$$s_{ij} d\varepsilon_{ij}^p = d\lambda s_{ij} s_{ij}$$

$$d\lambda = \frac{dW^p}{2J_2} = \frac{dW^p}{2\tau_s^2} = \frac{3dW^p}{2\sigma_s^2}$$

（2）理想刚塑性材料——Levy-Mises 关系

当塑性应变增量比弹性应变增量大得多时，可以略去弹性变形增量，从而得到适用于理想刚塑性材料的 Levy-Mises 关系

$$d\varepsilon_{ij} = d\lambda s_{ij} \tag{7-31}$$

此式表明应变增量张量与应力偏张量成比例，上式也可以写成

$$\frac{\mathrm{d}\varepsilon_x}{s_x}=\frac{\mathrm{d}\varepsilon_y}{s_y}=\frac{\mathrm{d}\varepsilon_z}{s_z}=\frac{\mathrm{d}\varepsilon_{xy}}{s_{xy}}=\frac{\mathrm{d}\varepsilon_{yz}}{s_{yz}}=\frac{\mathrm{d}\varepsilon_{zx}}{s_{zx}} \tag{7-32}$$

上式表明，Levy-Mises 关系要求应变增量张量的主轴与应力主轴重合。

最早提出应变增量的主轴与应力主轴重合的是 Saint-Venant(1870)，一般关系式是 Levy(1871) 和 Mises(1913) 先后得到的。而关于理想弹塑性材料的 Prandtl-Reuss 关系，可以看成是理想刚塑性材料的 Levy-Mises 关系的推广。

（3）实验验证

在主应力空间的 π 平面上看，$\mathrm{d}\varepsilon_{ij}^{p}=\mathrm{d}\lambda s_{ij}$ 就是要 $\mathrm{d}\boldsymbol{\varepsilon}^{p}$ 与偏应力张量矢量 $\boldsymbol{S}$ 在一条线上，如图 7-8 所示。这就要求应力张量的 Lode 角 θ_{σ} 与塑性应变增量张量的 Lode 角 $\theta_{\mathrm{d}\varepsilon^{p}}$ 相等。也就是要求应力的 Lode 参数 μ_{σ} 与应变张量增量的 Lode 参数 $\mu_{\mathrm{d}\varepsilon^{p}}$ 相等。

与屈服条件的实验验证相似，对 μ_{σ} 与 $\mu_{\mathrm{d}\varepsilon^{p}}$ 是否相等的实验最早是由 Lode(1926) 采用薄壁圆管受轴力和内压的联合作用，Taylor 和 Quinney(1931) 采用薄壁圆管受拉扭联合作用来做的。他们发现，$\mathrm{d}\varepsilon_{ij}^{p}$ 与 s_{ij} 的主轴相差不到 2°，但实验通常得出 $|\mu_{\sigma}|>|\mu_{\mathrm{d}\varepsilon^{p}}|$。几十年来，有不少人重做了这类实验，并发现 μ_{σ} 与 $\mu_{\mathrm{d}\varepsilon^{p}}$ 不相等的原因是试件使用的冷拔钢管的各向异性所致。在设法消除了各向异性后，得到了与理论很符合的结果。

7.4.4　理想塑性材料与 Tresca 条件相关联的流动法则

Tresca 条件在 π 平面上是一个正六边形，如图 7-9 所示。在三维主应力空间它是六棱柱面。

$$AB:f_1=\sigma_1-\sigma_2-\sigma_s=0$$

其外法向为 $\boldsymbol{n}_1$　$1:(-1):0$

$$BC:f_2=\sigma_1-\sigma_3-\sigma_s=0$$

其外法向为 $\boldsymbol{n}_2$　$1:0:(-1)$

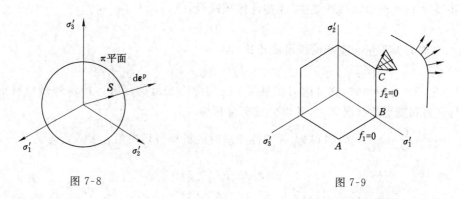

图 7-8　　　　　　　　　　　　　　　　　　图 7-9

与 Mises 条件相关联的流动法则相比，与 Tresca 条件相关联的流动法则有两个显著的特点：

（1）在当应力点位于 Tresca 六边形某一边上时，例如 BC 边，应力方向可以在 ±30° 范围内变化，但其外法向只有一个，就是水平方向，或者是 $\boldsymbol{n}_2$　$1:0:(-1)$，塑性变形有

$$BC\quad \mathrm{d}\varepsilon_1^{p}:\mathrm{d}\varepsilon_2^{p}:\mathrm{d}\varepsilon_3^{p}=1:0:(-1) \tag{7-33}$$

同样 AB 边有

$$AB\quad \mathrm{d}\varepsilon_1^{p}:\mathrm{d}\varepsilon_2^{p}:\mathrm{d}\varepsilon_3^{p}=1:(-1):0 \tag{7-34}$$

（2）在当应力点位于 Tresca 六边形某一棱上时，例如角点 C，这时外法向不唯一，事实上 $0°\sim60°$ 都可以理解为外法向，可以证明在这个范围内都符合 Drucker 公设。

对于角点 B，引入一个参数 $0\leqslant\mu\leqslant1$，利用式(7-33)和式(7-34)可以得到角点 B 处的塑性应变增量方向：

$$B\text{ 点}\qquad d\varepsilon_1^p : d\varepsilon_2^p : d\varepsilon_3^p = 1 : (-\mu) : (\mu-1) \tag{7-35}$$

这里 μ 对于本构关系而言是一个未知量，但在角点处，$f_1=0$ 和 $f_2=0$ 同时成立，也多了一个方程。

7.5　全量理论（形变理论）

7.5.1　Ilyushin 全量理论

认为应力和应变之间存在着一一对应的关系，因而用应力和应变全量建立的函数关系称为全量理论或形变理论。显然全量理论与塑性变形的基本特征是相矛盾的。从拉伸曲线来看，全量理论实质上就是非线性弹性理论，它卸载时按原路返回，没有残余应变。而真实的塑性变形，卸载时会沿新路径直线返回，会有残余应变。因此全量理论注定是错误的理论。但在无卸载的简单加载情况下，可以证明，全量理论与增量理论是等价的。令人惊讶的是，即便偏离了简单加载，在很多情况下，全量理论的结果也令人满意。

历史上，全量理论与增量理论是平行地发展起来的。Hencky(1924)建立了理想弹塑性材料的全量理论，随后 Nadai(1937)建立了刚塑性大变形条件下的全量理论，Ilyushin(1943)在总结前人工作的基础上，提出了弹塑性材料小变形条件下的全量理论。该理论作了下列基本假设：

（1）材料各向同性的；

（2）体积改变服从弹性规律，无塑性体积应变，即

$$\sigma_m = 3K\varepsilon_m$$

（3）应力偏张量与应变偏张量成正比，即

$$e_{ij} = \psi s_{ij} \tag{7-36}$$

其中 ψ 是一个标量函数，它是应力张量与应变增量不变量的函数。该函数是材料本身固有的，与受力和变形的状况无关，可以通过实验获得。

令 $\psi = \dfrac{1}{2G_s} = \dfrac{1}{2G} + \Phi$，称 G_s 为弹塑性变形时的折算剪切模量。上式可写为

$$e_{ij} = \frac{1}{2G}s_{ij} + \Phi s_{ij} \tag{7-37}$$

其中右边的两项分别是弹性分量和塑性分量。

式(7-36)两边自乘后开方，可得

$$\psi = \frac{\sqrt{e_{ij}e_{ij}}}{\sqrt{s_{ij}s_{ij}}}$$

注意到 $\bar{\sigma} = \sqrt{\dfrac{3}{2}s_{ij}s_{ij}}$，$\bar{\varepsilon} = \sqrt{\dfrac{2}{3}e_{ij}e_{ij}}$，上式可写为

$$\psi = \frac{3\bar{\varepsilon}}{2\bar{\sigma}} = \frac{\bar{\gamma}}{2\bar{\tau}} \tag{7-38}$$

等效应力 $\bar{\sigma}$ 与等效应变 $\bar{\varepsilon}$ 是相互关联的,因而 $\bar{\sigma}=\bar{\sigma}(\bar{\varepsilon})$,或 $\bar{\varepsilon}=\bar{\varepsilon}(\bar{\sigma})$,于是应力应变关系可以表达为

$$
\left.\begin{array}{c}
s_{ij}=\dfrac{2}{3}\dfrac{\bar{\sigma}(\bar{\varepsilon})}{\bar{\varepsilon}}e_{ij}\,,\quad 或\quad e_{ij}=\dfrac{3}{2}\dfrac{\bar{\varepsilon}(\bar{\sigma})}{\bar{\sigma}}s_{ij}\\[3mm]
\sigma_{kk}=\dfrac{E}{1-2\nu}\varepsilon_{kk}
\end{array}\right\}
\tag{7-39}
$$

这组关系称为 Ilyushin 全量理论。

7.5.2　简单加载

简单加载是指单元体的应力张量各个分量之间的比值保持不变,按同一参量单调增长;否则称为复杂加载。下面我们要说明,在简单加载的条件下,增量理论与全量理论是等价的。

根据简单加载的定义,应力按比例增加,于是有

$$
\sigma_{ij}=\sigma_{ij}^{0}t\,,s_{ij}=s_{ij}^{0}t
$$

其中 t 是单调递增的参数,代入增量本构关系式(7-30)得

$$
\mathrm{d}e_{ij}=\frac{1}{2G}\mathrm{d}s_{ij}+s_{ij}^{0}t\,\mathrm{d}\lambda
$$

对上式积分后得

$$
\int_{0}^{t}\mathrm{d}e_{ij}=\frac{1}{2G}\int_{0}^{t}\mathrm{d}s_{ij}+s_{ij}^{0}\int_{0}^{t}t\,\mathrm{d}\lambda
$$

令 $\Phi=\dfrac{1}{t}\int_{0}^{t}t\,\mathrm{d}\lambda$,上式变为

$$
e_{ij}=\left(\frac{1}{2G}+\Phi\right)s_{ij}
$$

或令 $\psi=\dfrac{1}{2G}+\Phi$,有

$$
e_{ij}=\psi s_{ij}
$$

此式与全量理论完全一样,这说明,在简单加载情况下,增量理论与全量理论是一样的。

7.5.3　简单加载定理

简单加载是要求物体内应力张量的分量单调按比例增长。如何控制外载才能实现简单加载呢? Ilyushin(1946)提出了一个简单加载定理:如果下面一组充分条件都满足,物体内部每个单元都处于简单加载之中:

(1) 小变形;

(2) 材料不可压缩,即泊松比 $\nu=\dfrac{1}{2}$;

(3) 载荷按比例单调增长,如果有位移边界条件,则只能是零位移边界条件;

(4) 材料 $\bar{\sigma}$-$\bar{\varepsilon}$ 曲线具有幂函数的形式 $\bar{\sigma}=A\bar{\varepsilon}^{n}$,其中 A 和 n 是材料常数。

值得注意的是,这个定理给出的是充分条件,不是充分必要条件。

7.5.4　单一曲线假定

全量理论(7-39)建立起了 e_{ij} 与 s_{ij} 全量之间的关系,但其中的 $\bar{\sigma}$-$\bar{\varepsilon}$ 函数形式对于给定的材料来说是唯一的吗? 换句话说,$\bar{\sigma}$-$\bar{\varepsilon}$ 的函数形式会不会随应力状态不同而变化呢? 这个

问题可以用实验来获得答案。Davis(1945)以及后来其他人的实验结果证明,只要是简单加载或偏离简单加载不大,$\bar{\sigma}$ - $\bar{\varepsilon}$ 的曲线在不同的应力状态下几乎一样,我们可以说 $\bar{\sigma}$ - $\bar{\varepsilon}$ 曲线就是单向拉伸曲线。它对给定的材料来说是唯一的。我们称之为单一曲线假定。

7.5.5 几种理论的比较

我们把前面介绍的增量理论和全量理论汇总成表 7-1 所示的表格。

表 7-1 　　　　　　　　　　　　增量理论与全量理论的比较

名称		本构关系	建立年代	应变大小	加载条件	材料模型
增量理论	Levy-Mises	$\mathrm{d}\varepsilon_{ij} = \mathrm{d}\lambda s_{ij}$,　$\mathrm{d}\lambda = \dfrac{3\mathrm{d}\bar{\varepsilon}}{2\sigma_s}$	1871,1913	小应变增量	复杂加载	理想刚塑性
	Prandtl-Reuss	$\mathrm{d}e_{ij} = \dfrac{\mathrm{d}s_{ij}}{2G} + \mathrm{d}\lambda s_{ij}$	1924,1930	小应变增量	复杂加载	理想弹塑性
全量理论	Henky	$e_{ij} = \psi s_{ij}$,　$\psi = \dfrac{3\bar{\varepsilon}}{2\sigma_s}$	1924	小应变	简单加载	理想弹塑性
	Ilyushin	$e_{ij} = \dfrac{1}{2G_s} s_{ij}$,　$G_s = \dfrac{\bar{\sigma}}{3\bar{\varepsilon}}$	1943	小应变	简单加载	弹塑性强化

与增量理论相比,全量理论应用起来方便得多,因为它无须知道材料的加载历史过程,只需要知道载荷的最终值即可以计算,并且无须增量分步计算,相比增量理论,计算工作量大大减少。但严格地说,全量理论要求简单加载,这在实际问题中常常难以满足。不过大量的应用实践表明,对于偏离简单加载的许多情况,全量理论也能给出比较好的结果。进一步研究发现,若在开始阶段加载复杂,但加载后期趋于简单加载,全量理论与增量理论的结果接近相同。在这种情况下,变形的复杂历史的影响很快减弱,因而可以直接应用全量理论。尽管由于计算技术的发展,基于增量理论的计算已不是困难问题,但增量理论要求知道整个加载历史,在很多情况下做不到。所以,全量理论至今仍然有重要的意义。

习　　题

7.1　在下列情况下,按 Mises 屈服条件写出塑性应变增量之比:

(1) 单向拉伸应力状态,$\sigma_1 = \sigma_s$;

(2) 双向压缩应力状态,$\sigma_1 = 0, \sigma_2 = \sigma_3 = -\sigma_s$;

(3) 纯剪切应力状态,$\tau = \tau_s$。

7.2　在主应力 σ_1, σ_2 平面内,屈服曲线由条件 $|\sigma_1| = \sigma_s$,$|\sigma_2| = \sigma_s$ 给出,试写出这一屈服条件相关联的流动法则。

7.3　求图中 C 点处的流动法则。

7.4　已知一长封闭薄圆筒,平均半径为 r,壁厚为 t,承受内压 p 的作用而产生塑性变形,材料是各向同性的,如果忽略弹性变形,试求周向、轴向和径向应变之比。

7.5　已知某薄圆筒承受拉应力 $\sigma_z = \sigma_s/2$ 及扭矩的作用,若采用 Mises 屈服条件,试求屈服时扭转的应力为多大?并求塑性

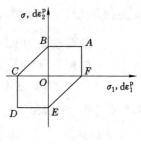

题 7.3 图

应变增量的比值。

7.6　已知某材料在纯剪切时的曲线 $\tau = f(\gamma)$，问 $\bar{\sigma}(\bar{\varepsilon})$ 曲线是什么形式？

7.7　已知某材料在简单拉伸时是线性强化的，即 $\mathrm{d}\sigma/\mathrm{d}\varepsilon^{\mathrm{p}} = \psi' = \mathrm{const}$，如采用 Mises 等向强化模型，求该材料在纯剪切时 $\mathrm{d}\tau/\mathrm{d}\gamma$ 的表达式。

7.8　已知某材料简单拉伸时满足 $\sigma = \Phi(\varepsilon) = E\varepsilon[1 - \omega(\varepsilon)]$ 规律，设弹性时的泊松比 $\nu = \nu_0 \neq \dfrac{1}{2}$，求拉伸过程中 $\nu = \nu(\varepsilon)$ 的变化规律。

第8章 简单的弹塑性问题

建立了弹塑性本构关系后，就可以完整地写出弹塑性力学的基本方程和边界条件了，即所谓的弹塑性边值问题的提法。本章分别介绍几个简单的问题，说明塑性力学的解题方法及其特点。

8.1 弹塑性边值问题的提法

由于塑性本构关系有全量理论和增量理论两种形式，因此弹塑性边值问题也有两种提法。

8.1.1 弹塑性全量理论的边值问题

设在物体 V 内给定体力 F_i，在应力边界 S_T 上给定面力 T_i，在位移边界 S_u 上给定位移 $\bar{u}_i$，求应力 σ_{ij}，应变 ε_{ij}，位移 u_i，它们满足以下的方程和边界条件：

（1）在 V 内的平衡方程

$$\sigma_{ij,j} + F_i = 0$$

（2）在 V 内的几何关系（应变-位移关系）

$$\varepsilon_{ij} = \frac{1}{2}(u_{i,j} + u_{j,i})$$

（3）在 V 内的全量本构关系

$$\left.\begin{aligned} s_{ij} &= \frac{2}{3}\frac{\bar{\sigma}(\bar{\varepsilon})}{\bar{\varepsilon}}e_{ij} \\ \sigma_{kk} &= \frac{E}{1-2\nu}\varepsilon_{kk} \end{aligned}\right\}$$

其中 $s_{ij} = \sigma_{ij} - \frac{1}{3}\sigma_{kk}\delta_{ij}$，$e_{ij} = \varepsilon_{ij} - \frac{1}{3}\varepsilon_{kk}\delta_{ij}$，$\bar{\sigma} = \sqrt{\frac{3}{2}s_{ij}s_{ij}}$，$\bar{\varepsilon} = \sqrt{\frac{2}{3}e_{ij}e_{ij}}$。

（4）在 S_T 上的应力边界条件

$$\sigma_{ij}l_j = T_i$$

其中 l_j 是外法线的单位向量。

（5）在 S_u 上的位移边界条件

$$u_i = \bar{u}_i$$

可见，弹塑性边值问题的全量理论提法同弹性边值问题的提法基本相同，不同仅在于引入了非线性的应力应变关系。

全量理论边值问题的解法也同弹性位移一样，有两种基本方法——位移法和应力法。

8.1.2　弹塑性增量理论的边值问题

设在加载阶段的某一时刻,已经求得 σ_{ij},ε_{ij},u_i,现在此基础上给外载一组增量,即在 V 内给体力增量 $\mathrm{d}F_i$,在 S_T 上给面力增量 $\mathrm{d}T_i$,在 S_u 上给位移增量 $\mathrm{d}\bar{u}_i$,要求应力增量 $\mathrm{d}\sigma_{ij}$,应变增量 $\mathrm{d}\varepsilon_{ij}$,位移增量 $\mathrm{d}u_i$,它们满足以下方程和边界条件:

(1) 在 V 内的平衡方程

$$\mathrm{d}\sigma_{ij,j} + \mathrm{d}F_i = 0$$

(2) 在 V 内的几何关系(应变-位移关系)

$$\mathrm{d}\varepsilon_{ij} = \frac{1}{2}(\mathrm{d}u_{i,j} + \mathrm{d}u_{j,i})$$

(3) 在 V 内的增量本构关系

① 对理想塑性材料,屈服函数为 $f(\sigma_{ij})$,则

$$\left.\begin{aligned}
&弹性区: f<0, \quad \mathrm{d}\varepsilon_{ij} = \frac{1}{2G}\mathrm{d}\sigma_{ij} - \frac{\nu}{E}\mathrm{d}\sigma_{kk}\delta_{ij} \\
&塑性区: f=0, \quad \mathrm{d}e_{ij} = \frac{1}{2G}\mathrm{d}s_{ij} + \mathrm{d}\lambda\frac{\partial f}{\partial \sigma_{ij}} \\
&\qquad\qquad\qquad \mathrm{d}\varepsilon_{kk} = \frac{1-2\nu}{E}\mathrm{d}\sigma_{kk}
\end{aligned}\right\}$$

② 对强化材料,后继屈服函数为 $\phi(\sigma_{ij},h_a)$,则

$$\left.\begin{aligned}
&弹性区: \phi<0, \quad \mathrm{d}\varepsilon_{ij} = \frac{1}{2G}\mathrm{d}\sigma_{ij} - \frac{\nu}{E}\mathrm{d}\sigma_{kk}\delta_{ij} \\
&塑性区: \phi=0, \quad \mathrm{d}e_{ij} = \frac{1}{2G}\mathrm{d}s_{ij} + \mathrm{d}\lambda\frac{\partial \phi}{\partial \sigma_{ij}} \\
&\qquad\qquad\qquad \mathrm{d}\varepsilon_{kk} = \frac{1-2\nu}{E}\mathrm{d}\sigma_{kk}
\end{aligned}\right\}$$

(4) 在 S_T 上的应力边界条件

$$\mathrm{d}\sigma_{ij}l_j = \mathrm{d}T_i$$

其中 l_j 是外法线的单位向量。

(5) 在 S_u 上的位移边界条件

$$\mathrm{d}u_i = \mathrm{d}\bar{u}_i$$

(6) 弹塑性交界面 Γ 处的连接条件

如果 Γ 的法向为 n_i,则在 Γ 上有

① 法向位移连续条件

$$\mathrm{d}u_i^{(e)}n_i = \mathrm{d}u_i^{(p)}n_i$$

② 应力连续条件

$$\mathrm{d}\sigma_{ij}^{(e)}n_j = \mathrm{d}\sigma_{ij}^{(p)}n_j$$

其中上标(e)和(p)分别表示弹性区和塑性区。注意,在 Γ 上切向的位移和应力是允许有间断的。

8.2 柱体弹塑性自由扭转

8.2.1 问题提出

本节我们研究任意形状截面,理想弹塑性材料的等直杆,两端受扭矩作用下的弹塑性扭转问题。如图 8-1 所示。

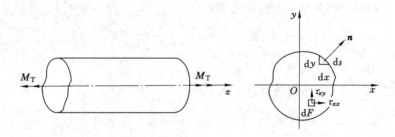

图 8-1

侧面是不受力的自由面,两个端面受扭矩,因此边界条件为

在侧面上:

$$\left.\begin{array}{l} \sigma_x l_1 + \tau_{xy} l_2 = 0 \\ \tau_{xy} l_1 + \sigma_y l_2 = 0 \\ \tau_{zx} l_1 + \tau_{zy} l_2 = 0 \end{array}\right\} \tag{8-1}$$

其中侧面的外法线 $\boldsymbol{n} = (l_1, l_2, 0)$。

在端面上,根据圣维南原理,给出静力等效的边界条件提法:

$$\left.\begin{array}{lll} \iint \sigma_z \,\mathrm{d}x\,\mathrm{d}y = 0, & \iint \tau_{zx} \,\mathrm{d}x\,\mathrm{d}y = 0, & \iint \tau_{zy} \,\mathrm{d}x\,\mathrm{d}y = 0 \\ \iint \sigma_z x \,\mathrm{d}x\,\mathrm{d}y = 0, & \iint \sigma_z y \,\mathrm{d}x\,\mathrm{d}y = 0, & \iint (\tau_{zy} x - \tau_{zx} y)\,\mathrm{d}x\,\mathrm{d}y = M_T \end{array}\right\} \tag{8-2}$$

圆截面扭转时,横截面保持为平面。但非圆截面不再保持平面,而发生了垂直于截面的翘曲变形,即轴向位移 $w(x, y, z) \neq 0$。

实验观察发现,在塑性状态下仍可采取弹性力学中关于扭转的假设,即截面只在自身平面内转动,但可以发生自由翘曲。

以 θ 表示柱体单位长度扭转角,则小变形时的位移分量为

$$\left.\begin{array}{l} u = -\theta yz \\ v = \theta xz \\ w = \theta \phi(x, y) \end{array}\right\} \tag{8-3}$$

其中 $\phi(x, y)$ 称为翘曲函数。

将上式代入几何方程,有

$$\left.\begin{array}{l} \varepsilon_x = \varepsilon_y = \varepsilon_z = \gamma_{xy} = 0 \\ \gamma_{xz} = \theta\left(\dfrac{\partial \phi}{\partial x} - y\right), \quad \gamma_{yz} = \theta\left(\dfrac{\partial \phi}{\partial y} + x\right) \end{array}\right\} \tag{8-4}$$

此式与材料的本构关系无关,无论是弹性状态还是塑性状态都成立。

弹性时,由 Hooke 定律有

$$\sigma_x = \sigma_y = \sigma_z = \tau_{xy} = 0$$

$$\tau_{xz} = G\theta\left(\frac{\partial \phi}{\partial x} - y\right), \quad \tau_{yz} = G\theta\left(\frac{\partial \phi}{\partial y} + x\right) \qquad (8\text{-}5)$$

在进入塑性状态之后,由式(8-4)知 $de_x = de_y = de_z = de_{xy} = 0$,按增量理论 Prandtl-Reuss 关系,$de_{ij} = \frac{1}{2G}ds_{ij} + d\lambda s_{ij}$,从刚进入塑性状态开始,有

$$ds_x = ds_y = ds_z = ds_{xy} = 0$$

即

$$d\sigma_x = d\sigma_y = d\sigma_z = d\tau_{xy} = 0$$

进而在变形的一切阶段都有

$$\sigma_x = \sigma_y = \sigma_z = \tau_{xy} = 0$$

也就是说,在塑性阶段不为零的应力分量仍然只有 τ_{xz},τ_{yz},由此求得此应力状态的不变量为

$$J_1 = 0, \quad J_2 = \tau_{xz}^2 + \tau_{yz}^2, \quad J_3 = 0 \qquad (8\text{-}6)$$

进一步求得主应力为

$$\sigma_1 = \sqrt{\tau_{xz}^2 + \tau_{yz}^2} \equiv \tau, \quad \sigma_2 = 0, \quad \sigma_3 = -\tau \qquad (8\text{-}7)$$

其中 τ 称为合剪应力。可见扭转时,无论弹性还是塑性状态,柱体的各点应力状态始终是纯剪切。如果不卸载,扭转就是简单加载过程。

8.2.2　弹性扭转和薄膜比拟

从式(8-4)中消去翘曲函数,得协调方程

$$\frac{\partial \gamma_{yz}}{\partial x} - \frac{\partial \gamma_{xz}}{\partial y} = 2\theta$$

或

$$\frac{\partial \tau_{yz}}{\partial x} - \frac{\partial \tau_{xz}}{\partial y} = 2G\theta \qquad (8\text{-}8)$$

同时,本问题中,三个平衡方程只有一个有效

$$\frac{\partial \tau_{xz}}{\partial x} + \frac{\partial \tau_{yz}}{\partial y} = 0 \qquad (8\text{-}9)$$

联立式(8-8)和式(8-9)可以求解。

引入弹性应力函数 Φ_e,使得

$$\tau_{xz} = \frac{\partial \Phi_e}{\partial y}, \quad \tau_{yz} = -\frac{\partial \Phi_e}{\partial x} \qquad (8\text{-}10)$$

Φ_e 又称为普朗特应力函数,平衡方程(8-9)自动满足,代入式(8-8)协调方程就变为

$$\frac{\partial^2 \Phi_e}{\partial x^2} + \frac{\partial^2 \Phi_e}{\partial y^2} = -2G\theta \qquad (8\text{-}11)$$

引入 Laplace 算子 $\nabla^2 = \frac{\partial^2}{\partial x^2} + \frac{\partial^2}{\partial y^2}$,上式可写为

$$\nabla^2 \Phi_e = -2G\theta \qquad (8\text{-}12)$$

上式偏微分方程就是著名的 Poisson 方程。求解该 Poisson 方程所需的边界条件可由柱体侧面边界条件(8-1)推导出。注意到 $l_1 = \frac{dy}{ds}, l_2 = -\frac{dx}{ds}$,式(8-10)代入式(8-1),有

$$\frac{\partial \Phi_e}{\partial y}\frac{\mathrm{d}y}{\mathrm{d}s}+\frac{\partial \Phi_e}{\partial x}\frac{\mathrm{d}x}{\mathrm{d}s}=0$$

即 $\dfrac{\mathrm{d}\Phi_e}{\mathrm{d}s}=0$，或

$$\Phi_e = 常数（沿横截面的周边）$$

无论常数如何取值都不影响应力本身，对于单连通的横截面，通常取常数为零，即

$$\Phi_e = 0（沿横截面的周边）\tag{8-13}$$

有了边界条件(8-13)，可由 Poisson 方程(8-12)求出应力函数 Φ_e，进一步可以求出柱体的应力分量，进而完成弹性求解。不过，当横截面非圆时，方程的求解往往是相当困难，常常需要借助数值解法。

通过对方程的分析，对于弹性扭转我们可以得到以下结论：

(1) 任一点的合剪应力为

$$\tau = \sqrt{\tau_{xz}^2 + \tau_{yz}^2} = \sqrt{\left(\frac{\partial \Phi_e}{\partial x}\right)^2 + \left(\frac{\partial \Phi_e}{\partial y}\right)^2} = |\mathrm{grad}\Phi_e|\tag{8-14}$$

(2) 合剪应力的方向沿 $\Phi_e = \mathrm{const}$（等高线）的切向，也就是与 Φ_e 的梯度方向垂直。

(3) 扭矩 M_T 与 Φ_e 的关系

$$M_T = 2\iint \Phi_e \mathrm{d}x\mathrm{d}y\tag{8-15}$$

(4) Prandtl 薄膜比拟：将薄膜张于与柱体截面相同的边框上，施加均匀的压力，则 Φ_e 与薄膜的高度成正比，τ 的大小与薄膜的斜率成正比，扭矩 M_T 与薄膜曲面下的体积成正比。

当 $\tau = |\mathrm{grad}\Phi_e| = \tau_s$ 时，材料进入塑性状态。因此，只要截面上有一点的 $|\mathrm{grad}\Phi_e|$ 达到 τ_s，此时柱体达到了弹性极限状态，相应的扭矩称为弹性极限扭矩。显然，边界上薄膜的斜率较内部大，因此，屈服首先发生在边界上。

8.2.3 全塑性扭转和沙堆比拟

在塑性阶段，平衡方程仍然不变，因此，我们同样可以引入应力函数 Φ_p 来满足，即

$$\tau_{xz} = \frac{\partial \Phi_p}{\partial y}, \tau_{yz} = -\frac{\partial \Phi_p}{\partial x}\tag{8-16}$$

在塑性区，应力表示的应变协调方程不成立了，取而代之的是屈服条件

$$\tau_{xz}^2 + \tau_{yz}^2 = \tau_s^2\tag{8-17}$$

将式(8-16)代入上式得

$$\left(\frac{\partial \Phi_p}{\partial x}\right)^2 + \left(\frac{\partial \Phi_p}{\partial y}\right)^2 = \tau_s^2$$

即

$$|\mathrm{grad}\Phi_p| = \tau_s\tag{8-18}$$

这样，只需要平衡方程、屈服条件，就能求出理想塑性体内的应力分布，这就是静定问题。

对于理想塑性材料，τ_s 是常数，式(8-18)说明 Φ_p 在截面上斜率保持不变。根据这一性质，Nadai 提出了沙堆比拟，将一个截面水平放置，在其上堆放干沙，由于沙堆的静摩擦角为常数，沙堆将形成一个斜率为常数的表面。因此，沙堆的表面形状可用来代表塑性应力函数 Φ_p，只相差屈服应力和沙堆摩擦角决定的比例因子。由于沙堆比拟对应于整个截面进入塑

性,因此

$$M_T^p = 2\iint \Phi_p \mathrm{d}x\mathrm{d}y \tag{8-19}$$

就是截面的塑性极限扭矩。

　　沙堆比拟的思想,既可以直接应用于实验,也可以用来指导计算圆、三角形、矩形、任意正多边形等规则截面的柱体的塑性极限扭矩。如图 8-2 所示 3 种截面,由沙堆体积可以求出 M_T^p。

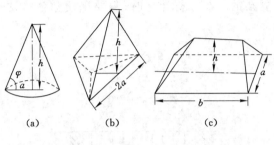

图 8-2

对于图 8-2(a)圆形截面有

$$M_T^p = \frac{2}{3}\pi a^3 \tau_s$$

对于图 8-2(b)正三角形截面有

$$M_T^p = \frac{2}{3}a^3 \tau_s$$

对于图 8-2(c)矩形截面有(设 $b \geqslant a$)

$$M_T^p = \frac{1}{6}a^2(3b-a)\tau_s$$

　　从沙堆比拟可以看出,沙堆的梯度垂直于边界,Φ_p 的等值线平行于边界,因此,边界上每点的合剪应力方向平行于边界,大小为 τ_s。同时也可以看到,一般来说,沙堆在截面内部会出现尖顶和棱线,在这些点和线的两侧剪应力不连续,它们是弹性区收缩的极限。当弹性区收缩时,从不同方向扩展过来的塑性区相遇,因此会形成剪应力间断。如果截面边界上有凸角,从弹性力学知道,在凸角处剪应力等于零,因而,尽管扭矩增大,这里始终处于弹性状态。所以,作为弹性区收缩极限的剪应力间断线必定通过这样的凸角。反之,如果截面边界上有凹角,从弹性力学知道,这里剪应力无限大,因而一开始就进入塑性阶段,棱线就一定不经过这里。

8.2.4　弹塑性扭转和薄膜-玻璃盖比拟

　　当 $M_T^e \leqslant M_T \leqslant M_T^p$ 时,柱体截面上会出现一部分弹性区、一部分塑性区,其上应力函数分别是满足 Poisson 方程的 Φ_e 和满足梯度方程的 Φ_p。因此,问题的数学提法为:寻求应力函数 Φ,在弹性区满足 Poisson 方程(8-12),在塑性区满足梯度方程(8-18),在弹塑性交界 Γ 处,Φ,$\dfrac{\partial \Phi}{\partial x}$,$\dfrac{\partial \Phi}{\partial y}$ 都要连续。

　　在求解具体问题时,弹塑性交界 Γ 会随着载荷变化而不断变化,确定 Γ 是一个困难的问题。Nadai 提出,可以用薄膜比拟和沙堆比拟来共同求解。

Nadai 的做法是,在一个水平平板上,挖一个具有截面形状的孔,覆盖以薄膜,在薄膜的上面,放一个按沙堆比拟形状做成的等倾玻璃盖,如图 8-3(a)所示。若压力较小时,薄膜变形不受玻璃盖影响,这对应于弹性扭转。随着压力的增加,薄膜逐渐贴到玻璃盖上,黏附的区域就是塑性区。在黏附区域以外的部分仍然是弹性区。由此可以确定弹塑性交界线 Γ 的形状。最后,薄膜就全部黏附在玻璃盖上,弹性区退化为棱线。图 8-3(b)显示了矩形截面柱体在弹塑性扭转时 Γ 线的变化,其中阴影区是塑性区。可以看出,对于一般截面的柱体,Γ 线的变化是非常复杂的。在分析计算时,需要采用数值方法一步一步地将 Γ 近似求出。

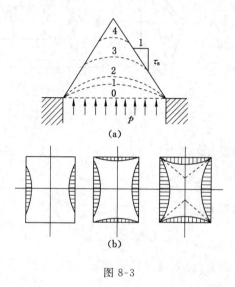

图 8-3

8.3　受内外压的厚壁圆筒

现在研究受内压 p_1 和外压 p_2 作用的厚壁圆筒,如图 8-4 所示。筒的内径为 $2a$,外径为 $2b$。设圆筒的长度远大于其外径,考虑到对称性,原来的任一横截面变形后仍保持为平面。因而,每一截面应力与应变的分布都一样。

选取柱坐标(r,θ,z),z 为圆筒的轴线。显然环向即 θ 方向位移 $v=0$,径向即 r 方向位移 $u=u(r)$,轴向即 z 方向位移 $w=w(z)$。于是各应变分量可以写为

$$\left.\begin{aligned} \varepsilon_r &= \frac{\mathrm{d}u}{\mathrm{d}r} \\ \varepsilon_\theta &= \frac{u}{r} \\ \varepsilon_z &= \frac{\mathrm{d}w}{\mathrm{d}z} \\ \gamma_{r\theta} &= \gamma_{z\theta} = \gamma_{rz} = 0 \end{aligned}\right\} \qquad (8\text{-}20)$$

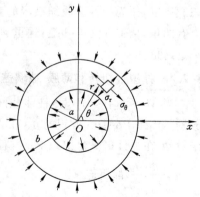

图 8-4

不计体力,轴对称问题柱坐标下的平衡方程为

$$\left.\begin{array}{l} \dfrac{\mathrm{d}\sigma_r}{\mathrm{d}r}+\dfrac{\sigma_r-\sigma_\theta}{r}=0 \\[3mm] \dfrac{\mathrm{d}\sigma_z}{\mathrm{d}z}=0 \end{array}\right\} \tag{8-21}$$

侧面边界条件为

$$\left.\begin{array}{ll} \sigma_r=-p_1, & \text{当 } r=a \\[2mm] \sigma_r=-p_2, & \text{当 } r=b \end{array}\right\} \tag{8-22}$$

端部边界条件采用圣维南提法,设轴向拉力为 P,则

$$P=\int_A \sigma_z \mathrm{d}A=2\pi\int_a^b \sigma_z r\,\mathrm{d}r \tag{8-23}$$

8.3.1　弹性解

此时本构关系为广义 Hooke 定律

$$\left.\begin{array}{ll} \varepsilon_r=\dfrac{1}{E}[\sigma_r-\nu(\sigma_\theta+\sigma_z)], & \gamma_{r\theta}=\dfrac{\tau_{r\theta}}{G} \\[3mm] \varepsilon_\theta=\dfrac{1}{E}[\sigma_\theta-\nu(\sigma_r+\sigma_z)], & \gamma_{\theta z}=\dfrac{\tau_{\theta z}}{G} \\[3mm] \varepsilon_z=\dfrac{1}{E}[\sigma_z-\nu(\sigma_r+\sigma_\theta)], & \gamma_{zr}=\dfrac{\tau_{zr}}{G} \end{array}\right\} \tag{8-24}$$

式(8-20)~式(8-24)就是弹性问题的全部方程和边界条件。

求解过程可参阅弹性力学书籍,其结果为

$$\left.\begin{array}{l} \sigma_r=\dfrac{p_1 a^2-p_2 b^2}{b^2-a^2}-\dfrac{(p_1-p_2)a^2 b^2}{(b^2-a^2)r^2} \\[3mm] \sigma_\theta=\dfrac{p_1 a^2-p_2 b^2}{b^2-a^2}+\dfrac{(p_1-p_2)a^2 b^2}{(b^2-a^2)r^2} \\[3mm] \sigma_z=2\nu\dfrac{p_1 a^2-p_2 b^2}{b^2-a^2}+E\varepsilon_0=\dfrac{P}{\pi(b^2-a^2)}=\text{const} \\[3mm] u=\dfrac{1-\nu}{E}\dfrac{(p_1 a^2-p_2 b^2)r}{b^2-a^2}-\dfrac{\nu\sigma_z r}{E}+\dfrac{1+\nu}{E}\dfrac{(p_1-p_2)a^2 b^2}{(b^2-a^2)r} \end{array}\right\} \tag{8-25}$$

$$\varepsilon_z=\dfrac{1}{E}[\sigma_z-\nu(\sigma_r+\sigma_\theta)]=\dfrac{P-2\pi\nu(p_1 a^2-p_2 b^2)}{E\pi(b^2-a^2)}\equiv\varepsilon_0 \tag{8-26}$$

显然 ε_z 是常数,记为 ε_0。

(1) 仅受内压作用的厚壁筒

我们考虑无外压的情况,此时 $p_2=0$,弹性解(8-25)变为

$$\left.\begin{array}{l} \sigma_r=\dfrac{p_1 a^2}{b^2-a^2}\left(1-\dfrac{b^2}{r^2}\right)\leqslant 0 \\[3mm] \sigma_\theta=\dfrac{p_1 a^2}{b^2-a^2}\left(1+\dfrac{b^2}{r^2}\right)>0 \end{array}\right\} \tag{8-27}$$

如图 8-5 所示。

对于工程上常见的两种情况,两端封闭或两端自由,σ_z 都是中间主应力,设弹性极限压力为 p_e,此时使用

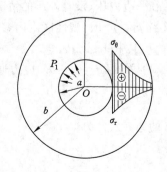

图 8-5

Tresca 屈服条件 $\sigma_1 - \sigma_3 = \sigma_s$ 比较方便，即

$$\sigma_\theta - \sigma_r = \sigma_s$$

从图 8-5 可以看出，在内壁 $r=a$ 处，$\sigma_\theta - \sigma_r$ 最大，将式(8-27)代入上式，令 $r=a$，得

$$p_e = \frac{\sigma_s}{2}\left(1 - \frac{a^2}{b^2}\right) \tag{8-28}$$

从式(8-28)可以看出，若按弹性设计，对于给定的 a，可以增加壁厚，即增加 b 值，使得 p_e 增大，但无论怎样增加 b，p_e 都不会超过 $\sigma_s/2$，也就是说，当 $b \to \infty$ 时，$p_e \to \sigma_s/2$。这说明：① 一味增加壁厚，不会明显提高筒的弹性极限压力值；② 当弹性无限空间内的圆柱形孔洞受到内压作用时(如有压隧道)，其内表面开始屈服的压力值只与周围的材料性质有关，而与孔洞的半径无关。

(2) 仅受外压作用的厚壁筒

此时内压 $p_1 = 0$，弹性解式(8-25)变为

$$\left. \begin{aligned} \sigma_r &= \frac{-p_2 b^2}{b^2 - a^2}\left(1 - \frac{a^2}{r^2}\right) \leqslant 0 \\ \sigma_\theta &= \frac{-p_2 b^2}{b^2 - a^2}\left(1 + \frac{a^2}{r^2}\right) \leqslant 0 \\ \sigma_z &= \frac{P}{\pi(b^2 - a^2)} \end{aligned} \right\} \tag{8-29}$$

对于常见的两种情况：

① 两端自由，此时 $\sigma_z = 0$，所以 $\sigma_z \geqslant \sigma_r \geqslant \sigma_\theta$，Tresca 屈服条件为 $\sigma_z - \sigma_\theta = \sigma_s$，$\dfrac{p_2 b^2}{b^2 - a^2}\left(1 + \dfrac{a^2}{r^2}\right) = \sigma_s$，可见屈服首先在 $r=a$ 的内壁出现。取 $r=a$，弹性极限压力为 $p_e = \dfrac{1}{2}\sigma_s\left(1 - \dfrac{a^2}{b^2}\right)$，可见与受内压的厚壁筒结果式(8-28)一样。

② 两端封闭处于外压包围状态，此时 $P = -p_2 \pi b^2$，所以 $\sigma_z = \dfrac{-p_2 b^2}{b^2 - a^2}$，此时 $\sigma_r \geqslant \sigma_z \geqslant \sigma_\theta$，Tresca 屈服条件为 $\sigma_r - \sigma_\theta = \sigma_s$，$\dfrac{p_2 b^2}{b^2 - a^2}\dfrac{2a^2}{r^2} = \sigma_s$，可见屈服首先在 $r=a$ 的内壁出现。取 $r=a$，弹性极限压力 p_e 也是式(8-28)，与受内压的厚壁筒结果也一样。

8.3.2 弹塑性解

在只有内压、没有外压的情况下，我们进行弹塑性分析。当 $p_1 = p_e$ 时，圆筒内壁首先屈服。当 $p_1 > p_e$ 时，塑性区由内壁 $r=a$ 向外壁扩张。由于问题是轴对称的，可设弹塑性交界为 $r=c$，其中 $a \leqslant c \leqslant b$。

(1) 弹性区 $c \leqslant r \leqslant b$。应力通解为

$$\sigma_r = A - \frac{B}{r^2}, \quad \sigma_\theta = A + \frac{B}{r^2} \tag{8-30}$$

现在的边界条件为

$$\left. \begin{aligned} r=b, &\quad \sigma_r = 0 \\ r=c, &\quad \sigma_\theta - \sigma_r = \sigma_s \end{aligned} \right\} \tag{8-31}$$

由这两个条件可得两个常数 $A = c^2 \sigma_s / (2b^2)$，$B = c^2 \sigma_s / 2$，代回式(8-30)得

$$\sigma_r = \frac{c^2\sigma_s}{2b^2}\left(1-\frac{b^2}{r^2}\right)$$
$$\sigma_\theta = \frac{c^2\sigma_s}{2b^2}\left(1+\frac{b^2}{r^2}\right) \tag{8-32}$$

进而根据弹性区满足的基本方程求出

$$\sigma_z = \nu\frac{c^2\sigma_s}{b^2} + E\varepsilon_0$$
$$u = \frac{1+\nu}{2E}c^2\sigma_s\left[\frac{1-2\nu}{b^2}r+\frac{1}{r}\right] - \nu\varepsilon_0 r \tag{8-33}$$

（2）塑性区 $a\leqslant r\leqslant c$。这时平衡方程为

$$\frac{\mathrm{d}\sigma_r}{\mathrm{d}r} + \frac{\sigma_r-\sigma_\theta}{r} = 0 \tag{8-34}$$

同时仍然假定 σ_z 为中间主应力，则对理想塑性材料在塑性区内屈服条件为

$$\sigma_\theta - \sigma_r = \sigma_s \tag{8-35}$$

以上两式只有两个未知量 σ_θ,σ_r，于是问题是静定的。将式(8-35)代入式(8-34)，得

$$\frac{\mathrm{d}\sigma_r}{\mathrm{d}r} = \frac{\sigma_s}{r}$$

积分一次，并利用边界条件 $\sigma_r\big|_{r=a}=-p_1$，有

$$\sigma_r = \sigma_s\ln\frac{r}{a} - p_1 < 0$$
$$\sigma_\theta = \sigma_s\left(1+\ln\frac{r}{a}\right) - p_1 > 0 \tag{8-36}$$

这里我们看到，对于理想塑性材料，塑性区的应力分布 σ_θ,σ_r 只与圆筒内表面的边界条件有关，而与弹性区的应力分布无关。

（3）弹塑性边界 c 的确定。上面已经分别给出了弹性区的应力场式(8-32)和塑性区的应力场式(8-36)，这两者在弹塑性交界 $r=c$ 上要满足 σ_r 的连续性条件，即

$$\sigma_r\big|_{r=c^+} = \sigma_r\big|_{r=c^-}$$

由此导出

$$-\frac{\sigma_s}{2}\left(1-\frac{c^2}{b^2}\right) = \sigma_s\ln\frac{c}{a} - p_1$$

从而有

$$p_1 = \sigma_s\left[\ln\frac{c}{a} + \frac{1}{2}\left(1-\frac{c^2}{b^2}\right)\right] \tag{8-37}$$

此式给出了 c 与 p_1 的关系。将上式代回式(8-36)，有

$$\sigma_r = \sigma_s\left[\ln\frac{r}{a} - \frac{1}{2}\left(1-\frac{c^2}{b^2}\right)\right]$$
$$\sigma_\theta = \sigma_s\left[\ln\frac{r}{a} + \frac{1}{2}\left(1-\frac{c^2}{b^2}\right)\right] \tag{8-38}$$

（4）塑性极限状态。当 $c=b$ 时，塑性区扩展到整个圆筒，外载就不能再增加了。由此，用 $c=b$ 代入式(8-37)得出厚壁筒的塑性极限压力，记为 p_s

$$p_s = \sigma_s\ln\frac{b}{a} \tag{8-39}$$

前面讨论过弹性极限压力 p_e 是有限的,当 $b \to \infty$ 时, $p_e \to \sigma_s/2$。现在可以看出塑性极限压力 p_s 可以无限大,即当 $b \to \infty$ 时, $p_s \to \infty$,只要增大壁厚, p_s 就能不断增大。

在塑性极限状态下,周向应力 σ_θ 的最大值发生在筒的外壁,大小恰为 σ_s。

在加载的各个阶段厚壁筒的应力分布如图 8-6 所示。

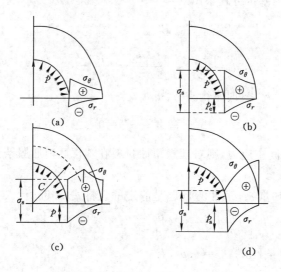

图 8-6

(a) $p < p_e$;(b) $p = p_e$;(c) $p_e < p < p_s$;(d) $p = p_s$

(5) 塑性区的位移 u 和应力 σ_z。

在塑性区内求 σ_θ, σ_r 是静定问题,但是要求 σ_z 和 u 就必须用到本构关系。下面用与 Tresca 条件相关联的流动法则来求解 σ_z 和 u。

厚壁筒塑性区应力所在的屈服面是

$$\sigma_\theta - \sigma_r - \sigma_s = 0$$

于是,相关联的流动法则给出

$$d\varepsilon_\theta^p : d\varepsilon_z^p : d\varepsilon_r^p = 1 : 0 : (-1)$$

这说明,在厚壁筒上, $d\varepsilon_z^p = 0$,因此, $\varepsilon_z = \varepsilon_z^e = \varepsilon_0 = \text{const}$,即 ε_z 永远是弹性的,且为常数。于是,在塑性区 $a \leqslant r \leqslant c$ 范围内,由广义 Hooke 定律有

$$\sigma_z = \nu(\sigma_\theta + \sigma_r) + E\varepsilon_0$$

将式(8-36)代入上式,有

$$\sigma_z = -2\nu p_1 + \nu\sigma_s\left(1 + 2\ln\frac{r}{a}\right) + E\varepsilon_0 \tag{8-40}$$

边界条件式(8-23)可写成

$$P = 2\pi\int_a^c \sigma_z r\,dr + 2\pi\int_c^b \sigma_z r\,dr$$

将式(8-33)、(8-39)代入上式得

$$\varepsilon_0 = \frac{P}{E\pi(b^2 - a^2)} - \frac{2\nu}{E}\frac{p_1 a^2}{b^2 - a^2} = \frac{P - 2\nu p_1 \pi a^2}{E\pi(b^2 - a^2)} \tag{8-41}$$

求塑性区的位移 u 时可以利用体积变化是弹性的公式计算比较简单。

$$\frac{\mathrm{d}u}{\mathrm{d}r}+\frac{u}{r}+\varepsilon_0=\frac{1-2\nu}{E}(\sigma_r+\sigma_\theta+\sigma_z)$$

$$=\frac{1-2\nu}{E}\big[(1+\nu)(\sigma_r+\sigma_\theta)+E\varepsilon_0\big]$$

有

$$\frac{1}{r}\frac{\mathrm{d}(ru)}{\mathrm{d}r}=\frac{1-2\nu}{E}(1+\nu)(\sigma_r+\sigma_\theta)-2\nu\varepsilon_0$$

$$=\frac{(1-2\nu)(1+\nu)}{E}\sigma_s\Big(2\ln\frac{r}{c}+\frac{c^2}{b^2}\Big)-2\nu\varepsilon_0$$

积分可得塑性区的位移 u 为

$$u=\frac{(1-2\nu)(1+\nu)}{E}\sigma_s\Big(r\ln\frac{r}{c}+\frac{r}{2}\frac{c^2}{b^2}-\frac{r}{2}\Big)-\nu\varepsilon_0 r+\frac{C_1}{r} \tag{8-42}$$

其中积分常数 C_1 可以由 $r=c$ 处的位移连续性条件定出

$$C_1=(1-\nu^2)\sigma_s c^2/E$$

当材料不可压缩时,即 $\nu=0.5$ 时

$$u=-\frac{1}{2}\varepsilon_0 r+\frac{C_1}{r}=\frac{3\sigma_s c^2}{4Er}-\frac{1}{2}\varepsilon_0 r$$

例如,取 $\varepsilon_0=0,b=2a,c=b,E/\sigma_s=1\,000$,则在圆筒的内壁 $r=a$ 上位移达到最大值 $u=3\times10^{-3}a$。可见刚达到 p_s 时,圆筒的变形相对于圆筒本身的尺寸还是小的。

8.3.3 卸载和残余应力

设厚壁筒内压力增加到 $p_1=p^*$ $(p_e<p^*<p_s)$,此时弹塑性应力解可按式(8-32)、(8-33)、(8-36)、(8-40)计算,然后完全卸载,卸载应力可按弹性解式(8-27)计算,将加载时的弹塑性解与卸载时的弹性解叠加,得到残余应力分布

$$\sigma_r^0=\begin{cases}-p^*+\sigma_s\ln\dfrac{r}{a}-\dfrac{p^*a^2}{b^2-a^2}\Big(1-\dfrac{b^2}{r^2}\Big), & a\leqslant r\leqslant c\\[3mm]\Big(\dfrac{c^2\sigma_s}{2b^2}-\dfrac{p^*a^2}{b^2-a^2}\Big)\Big(1-\dfrac{b^2}{r^2}\Big), & c\leqslant r\leqslant b\end{cases}$$

$$\sigma_\theta^0=\begin{cases}-p^*+\sigma_s\Big(1+\ln\dfrac{r}{a}\Big)-\dfrac{p^*a^2}{b^2-a^2}\Big(1+\dfrac{b^2}{r^2}\Big), & a\leqslant r\leqslant c\\[3mm]\Big(\dfrac{c^2\sigma_s}{2b^2}-\dfrac{p^*a^2}{b^2-a^2}\Big)\Big(1+\dfrac{b^2}{r^2}\Big), & c\leqslant r\leqslant b\end{cases} \tag{8-43}$$

$$\sigma_z^0=\begin{cases}\nu\Big[\sigma_s\Big(1+2\ln\dfrac{r}{a}\Big)-\dfrac{2p^*b^2}{b^2-a^2}\Big], & a\leqslant r\leqslant c\\[3mm]\nu\Big(\dfrac{c^2\sigma_s}{2b^2}-\dfrac{2p^*a^2}{b^2-a^2}\Big), & c\leqslant r\leqslant b\end{cases}$$

在上式中,p^* 与 c 的关系可由式(8-37)得到

$$p^*=\sigma_s\Big[\ln\frac{c}{a}+\frac{1}{2}\Big(1-\frac{c^2}{b^2}\Big)\Big]$$

在上面计算残余应力的公式中,要求完全卸载整个过程,厚壁筒都处于弹性状态而不反向屈服,公式才有效。下面我们分析完全卸载不出现反向屈服,允许的最大内压 $p_{\max}^*$。

反向屈服的条件是

$$\left| \sigma_\theta^0 - \sigma_r^0 \right| = \sigma_s \qquad (8\text{-}44)$$

利用式(8-43)可得

$$\sigma_r^0 - \sigma_\theta^0 = \begin{cases} \dfrac{2 p_{max}^* a^2 b^2}{b^2 - a^2}\dfrac{1}{r^2} - \sigma_s, & a \leqslant r \leqslant c \\[3mm] \left(\dfrac{2 p_{max}^* a^2 b^2}{b^2 - a^2} - c^2 \sigma_s \right)\dfrac{1}{r^2}, & c \leqslant r \leqslant b \end{cases}$$

显然最大值在内壁 $r=a$ 处,为 $\dfrac{2 p^* b^2}{b^2 - a^2} - \sigma_s$,代入式(8-43)得

$$p_{max}^* = \sigma_s \left(1 - \frac{a^2}{b^2} \right) = 2 p_e \qquad (8\text{-}45)$$

由此可见,如果加载时内压 $p^* \leqslant 2 p_e$,则完全卸载后不会在相反的方向引起新的塑性变形。只要以后重新加载时压力不超过 p^*,整个圆筒就处于弹性状态,没有新的塑性变形产生,也就是所谓的"安定状态"。这就意味着圆筒的弹性极限压力从原始的 p_e 提高到了现在的 p^*,这种提高弹性极限的方法称为自增强或自紧处理。在炮筒和高压容器的制造中有着广泛的应用。

基于"安定性"的要求,对于反复加卸载的情形,所加的内压 p^* 不应超过 $2 p_e$。因此过高的塑性极限压力 p_s 是没有实际意义的,因此合理设计应该是

$$p_s = 2 p_e$$

即

$$\sigma_s \ln \frac{b}{a} = \sigma_s \left(1 - \frac{a^2}{b^2} \right)$$

此式解出 $b/a \approx 2.22$。当 $b/a > 2.22$,$p_s > 2 p_e$,虽然可以加载到 $2 p_e$ 之上,但完全卸载会引起厚壁筒方向屈服,在反复加载的情况下,筒就会发生塑性循环(低周疲劳)破坏。因此,采用大于 2.22 的 b/a 实际意义不大。

8.4 旋 转 圆 盘

旋转圆盘,如汽轮机上的叶轮,是机械工程中经常遇到的构件。本节研究由理想弹塑性材料构成的等厚度薄圆盘,其半径为 b,厚度为 h,绕 z 轴以等角速度 ω 旋转。由于是薄圆盘,可以认为在整个圆盘内都有 $\sigma_z = 0$,因此该问题可以看成是平面应力问题。由于离心惯性力的作用,圆盘内会产生应力和应变,我们这里只介绍理想弹塑性材料的解。

由于对称性,可知剪应力为零,非零的应力为 σ_r 和 σ_θ,显然是主应力。

旋转圆盘的单位体积受到的离心力为 $\rho \omega^2 r$,ρ 为圆盘材料的密度。平衡方程为

$$\frac{d\sigma_r}{dr} + \frac{\sigma_r - \sigma_\theta}{r} + \rho \omega^2 r = 0$$

即

$$\frac{d}{dr}(r\sigma_r) - \sigma_\theta + \rho \omega^2 r^2 = 0 \qquad (8\text{-}46)$$

几何方程为

$$\varepsilon_r = \frac{du}{dr}, \quad \varepsilon_\theta = \frac{u}{r} \qquad (8\text{-}47)$$

8.4.1　弹性解

此时本构关系为平面应力时的 Hooke 定律

$$\left.\begin{array}{l} \sigma_r = \dfrac{E}{1-\nu^2}(\varepsilon_r + \nu\varepsilon_\theta) \\[3mm] \sigma_\theta = \dfrac{E}{1-\nu^2}(\varepsilon_\theta + \nu\varepsilon_r) \end{array}\right\} \tag{8-48}$$

未知量为 2 个应力、2 个应变和 1 个位移,也是 5 个。式(8-46)、(8-47)和(8-48)共 5 个方程,构成了本问题的弹性基本方程组,下面求解。

将式(8-47)代入式(8-48)然后再代入式(8-46),得

$$r^2 \frac{\mathrm{d}^2 u}{\mathrm{d}r^2} + r\frac{\mathrm{d}u}{\mathrm{d}r} - u + \frac{\rho\omega^2(1-\nu^2)r^2}{E} = 0$$

其解为

$$u = Ar + \frac{B}{r} - \frac{\rho\omega^2(1-\nu^2)r^3}{8E} \tag{8-49}$$

相应的应力分量为

$$\left.\begin{array}{l} \sigma_r = \dfrac{EA}{1-\nu} - \dfrac{EB}{1+\nu}\dfrac{1}{r^2} - \dfrac{3+\nu}{8}\rho\omega^2 r^2 \\[3mm] \sigma_\theta = \dfrac{EA}{1-\nu} + \dfrac{EB}{1+\nu}\dfrac{1}{r^2} - \dfrac{1+3\nu}{8}\rho\omega^2 r^2 \end{array}\right\} \tag{8-50}$$

对于实心圆盘,盘心 $r=0$ 处,位移和应力为有限值,因此 B 必须是 0。再根据外缘的边界条件 $\sigma_r\,|_{r=b} = 0$,由上式可得

$$A = \frac{\rho\omega^2 b^2(1-\nu)(3+\nu)}{8E}$$

代入式(8-49)和(8-50)得到弹性阶段的位移和应力为

$$u = \frac{(1-\nu)\rho\omega^2 r}{8E}\left[(3+\nu)b^2 - (1+\nu)r^2\right] \tag{8-51}$$

$$\left.\begin{array}{l} \sigma_r = \dfrac{3+\nu}{8}\rho\omega^2(b^2 - r^2) \\[3mm] \sigma_\theta = \dfrac{3+\nu}{8}\rho\omega^2\left(b^2 - \dfrac{1+3\nu}{3+\nu}r^2\right) \end{array}\right\} \tag{8-52}$$

由于 $\nu \leqslant \dfrac{1}{2}$,所以 $\sigma_\theta \geqslant \sigma_r \geqslant \sigma_z = 0$。由 Tresca 屈服条件可知 $\sigma_\theta - \sigma_z = \sigma_s$,即 $\sigma_\theta = \sigma_s$,代入上式有

$$\frac{3+\nu}{8}\rho\omega^2\left(b^2 - \frac{1+3\nu}{3+\nu}r^2\right) = \sigma_s$$

其左边为 σ_θ 最大值在盘心 $r=0$ 达到,由此得弹性极限转速 ω_e 为

$$\omega_e = \sqrt{\frac{8\sigma_s}{(3+\nu)\rho b^2}} \tag{8-53}$$

利用 Mises 屈服条件也可得到同样的结果。

当 $\nu = 1/3$ 时

$$\omega_e = \frac{1.55}{b}\sqrt{\frac{\sigma_s}{\rho}} \tag{8-54}$$

8.4.2 弹塑性解

当 $\omega > \omega_e$ 时,圆盘靠近圆心的部分进入塑性状态,是塑性区,根据对称性,弹塑性交界线应该是圆,设其半径为 a,以外部分是弹性区。

(1) 塑性区,$0 \leqslant r \leqslant a$

平衡方程仍为式(8-46),$\dfrac{\mathrm{d}}{\mathrm{d}r}(r\sigma_r) - \sigma_\theta + \rho\omega^2 r^2 = 0$,在弹性区有 $\sigma_\theta \geqslant \sigma_r \geqslant \sigma_z = 0$,下面证明在塑性区这个关系仍然成立。假设 $\sigma_r \geqslant \sigma_\theta$,则 $\sigma_r = \sigma_s$,由平衡方程(8-46)可知 $\sigma_\theta = \sigma_s + \rho\omega^2 r^2 \geqslant \sigma_r$,矛盾。因此在塑性区 $\sigma_\theta \geqslant \sigma_r \geqslant \sigma_z = 0$ 仍然成立。Tresca 屈服条件为 $\sigma_\theta = \sigma_s$,代入平衡方程,有

$$\left.\begin{array}{l} \sigma_r = \sigma_s - \dfrac{1}{3}\rho\omega^2 r^2 + \dfrac{C}{r} \\[3mm] \sigma_\theta = \sigma_s \end{array}\right\}$$

由于盘心处应力必须是有限的,所以 $C = 0$,上式变为

$$\left.\begin{array}{l} \sigma_r = \sigma_s - \dfrac{1}{3}\rho\omega^2 r^2 \\[3mm] \sigma_\theta = \sigma_s \end{array}\right\} \tag{8-55}$$

(2) 弹性区,$a \leqslant r \leqslant b$

现在,弹性区域是一个圆环,其边界条件为

$$\left.\begin{array}{ll} \sigma_\theta = \sigma_s & r = a \\[3mm] \sigma_r = \sigma_s - \dfrac{1}{3}\rho\omega^2 a^2 & r = a \\[3mm] \sigma_r = 0 & r = b \end{array}\right\}$$

应力解答仍然是式(8-50),代入边界条件可以确定 A、B 和转速 ω。转速为

$$\omega = \frac{1}{bM}\sqrt{\frac{\sigma_s}{\rho}} \tag{8-56}$$

式中

$$M^2 = \frac{8 + (1+3\nu)[(a/b)^2 - 1]^2}{24}$$

弹性区应力为

$$\left.\begin{array}{l} \sigma_r = \dfrac{\sigma_s}{24M^2}\left[3(3+\nu) - (1+3\nu)\dfrac{a^4}{b^2 r^2}\right]\left(1 - \dfrac{r^2}{b^2}\right) \\[4mm] \sigma_\theta = \dfrac{\sigma_s}{24M^2}\left[\dfrac{a^4}{b^4}\left(1 + \dfrac{r^2}{b^2}\right)(1+3\nu) + 3(3+\nu) - 3(1+3\nu)\dfrac{r^2}{b^2}\right] \end{array}\right\} \tag{8-57}$$

8.4.3 塑性极限状态

当 $a = b$ 时,整个圆盘进入塑性状态,此时式(8-56)中的 $M = 1/\sqrt{3}$,塑性极限转速由式(8-56)可得

$$\omega_p = \frac{\sqrt{3}}{b}\sqrt{\frac{\sigma_s}{\rho}} \approx \frac{1.73}{b}\sqrt{\frac{\sigma_s}{\rho}} \tag{8-58}$$

可见从开始屈服到全部屈服,转速约增加 12%。转盘内的压力分布情况如图 8-7 所示。

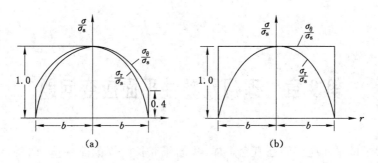

图 8-7

(a) 开始屈服；(b) 全部塑性

上述弹塑性分析的一个实际应用是所谓的"超速工艺"，即转盘在额定转速使用前，先使之经历一个超速运转，$\omega_e < \omega < \omega_p$，这样就能在盘中产生有利的残余应力分布，从而提高使用时的弹性范围。

习　题

8.1　试用沙堆比拟法说明开口薄壁截面极限扭矩要远比相同截面形状闭口薄壁截面极限扭矩要小？

8.2　试用沙堆比拟法计算下述截面的柱体受扭时的塑性极限扭矩：

(1) 边长为 $2a$ 的正三角形；

(2) 外半径为 b，内半径为 a 的环形；

(3) 内切圆半径为 a 的正 n 边形。

8.3　已知受内压的厚壁筒，内、外半径分别为 a, b，材料屈服极限为 σ_s，采用 Mises 屈服条件，求在以下情况下筒的弹性极限压力 p_e：

(1) 两端封闭；

(2) 两端自由；

(3) 两端固定。

8.4　设有两种材料构成的组合厚壁筒，内筒的屈服极限为 σ_{s1}，外筒的屈服极限为 σ_{s2}，如果此组合厚壁筒承受内压 p 作用，内、外筒同时进入全塑性状态，试求内筒的内半径 a、外筒的外半径 b 及两筒的接触半径 c 为多少？

8.5　内半径为 a，外半径为 b 的均质等厚度旋转圆盘，由不可压缩的、拉压屈服极限为 σ_s 的理想弹塑性材料构成，试用 Tresca 屈服条件求：

(1) 弹性极限转速；

(2) 塑性极限转速；

(3) 弹塑性交界半径 c 与转速 ω 的关系。

第9章　理想刚塑性平面应变问题

与弹性力学的平面应变问题概念一样,我们研究长的等截面柱体,载荷(包括体力)垂直于柱体的轴线 z,且分布沿长度均匀,这类问题就可以看作是平面应变问题。其特点是沿长度 z 方向的应变为零,横截面(xy 平面)内的应变与 z 无关。在工程中遇到的一些问题,如金属成型加工中的辊轧、抽拉等以及土木工程中的挡土墙、重力坝等问题,都是可以近似为平面应变问题。

9.1　平面应变问题的基本方程

9.1.1　问题基本特点

在平面应变问题中,物体内各点的位移平行于 xy 平面,且与 z 无关,即

$$u_x = u_x(x,y), \quad u_y = u_y(x,y), \quad u_z = 0$$

速度分量为

$$v_x = v_x(x,y), \quad v_y = v_y(x,y), \quad v_z = 0$$

相应的应变张量和应变率张量为

$$\varepsilon_{ij} = \begin{pmatrix} \dfrac{\partial u_x}{\partial x} & \dfrac{1}{2}\left(\dfrac{\partial u_x}{\partial y}+\dfrac{\partial u_y}{\partial x}\right) & 0 \\ \dfrac{1}{2}\left(\dfrac{\partial u_x}{\partial y}+\dfrac{\partial u_y}{\partial x}\right) & \dfrac{\partial u_y}{\partial y} & 0 \\ 0 & 0 & 0 \end{pmatrix} \quad \dot{\varepsilon}_{ij} = \begin{pmatrix} \dfrac{\partial v_x}{\partial x} & \dfrac{1}{2}\left(\dfrac{\partial v_x}{\partial y}+\dfrac{\partial v_y}{\partial x}\right) & 0 \\ \dfrac{1}{2}\left(\dfrac{\partial v_x}{\partial y}+\dfrac{\partial v_y}{\partial x}\right) & \dfrac{\partial v_y}{\partial y} & 0 \\ 0 & 0 & 0 \end{pmatrix}$$

我们采用 Mises 屈服条件和相关联的流动法则。在理想刚塑性的情形下,就是 Levy-Mises 关系

$$\mathrm{d}\varepsilon_{ij} = \mathrm{d}\lambda s_{ij}, \quad \text{或} \quad \dot{\varepsilon}_{ij} = \dot{\lambda} s_{ij}$$

可以看出,z 既是应变的一个主方向,又是应力的一个主方向。由上式还可以看出 $\dot{\varepsilon}_z = 0$,所以 $s_z = 0$

$$s_z = \sigma_z - \frac{1}{3}(\sigma_x + \sigma_y + \sigma_z) = 0$$

可以得到

$$\sigma_z = \frac{1}{2}(\sigma_x + \sigma_y) = \sigma_{\mathrm{m}} \equiv \sigma$$

则塑性区的应力张量为

$$\sigma_{ij} = \begin{bmatrix} \sigma_x & \tau_{xy} & 0 \\ \tau_{xy} & \sigma_y & 0 \\ 0 & 0 & \dfrac{1}{2}(\sigma_x + \sigma_y) \end{bmatrix} \tag{9-1}$$

和

$$s_{ij} = \begin{bmatrix} \dfrac{\sigma_x - \sigma_y}{2} & \tau_{xy} & 0 \\ \tau_{xy} & \dfrac{\sigma_y - \sigma_x}{2} & 0 \\ 0 & 0 & 0 \end{bmatrix} \tag{9-2}$$

σ_z 是一个主应力，另外两个主应力可以求出来

$$\begin{matrix} \sigma_1 \\ \sigma_3 \end{matrix} = \frac{1}{2}(\sigma_x + \sigma_y) \pm \sqrt{\left(\frac{\sigma_x - \sigma_y}{2}\right)^2 + \tau_{xy}^2} \tag{9-3}$$

显然 σ_z 是中间主应力，最大剪应力为

$$\tau_{\max} = \frac{1}{2}(\sigma_1 - \sigma_3) = \sqrt{\left(\frac{\sigma_x - \sigma_y}{2}\right)^2 + \tau_{xy}^2} \equiv \tau \tag{9-4}$$

综上所述，有

$$\left.\begin{matrix} \sigma_1 = \sigma + \tau \\ \sigma_2 = \sigma \\ \sigma_3 = \sigma - \tau \end{matrix}\right\} \tag{9-5}$$

9.1.2　基本方程

（1）平衡方程

讨论即将开始的流动，不计体力和惯性力，考虑到各量与 z 无关，有

$$\left.\begin{matrix} \dfrac{\partial \sigma_x}{\partial x} + \dfrac{\partial \tau_{xy}}{\partial y} = 0 \\ \dfrac{\partial \tau_{xy}}{\partial x} + \dfrac{\partial \sigma_y}{\partial y} = 0 \end{matrix}\right\} \tag{9-6}$$

（2）屈服条件

将式（9-2）代入 Mises 屈服条件 $J_2 = k^2$，就有

$$\left(\frac{\sigma_x - \sigma_y}{2}\right)^2 + \tau_{xy}^2 = k^2 \tag{9-7}$$

其中 $k = \tau_s$，代入 Tresca 屈服条件也可以得到同样的结果。于是

$$\left.\begin{matrix} \text{在刚性区内}(\sigma_x - \sigma_y)^2 + 4\tau_{xy}^2 \leqslant 4k^2 \\ \text{在塑性区内}(\sigma_x - \sigma_y)^2 + 4\tau_{xy}^2 = 4k^2 \end{matrix}\right\} \tag{9-8}$$

（3）本构关系

按 Levy-Mises 关系有

$$\frac{\dfrac{\partial v_x}{\partial x}}{\dfrac{\sigma_x - \sigma_y}{2}} = \frac{\dfrac{\partial v_y}{\partial y}}{\dfrac{\sigma_y - \sigma_x}{2}} = \frac{\dfrac{1}{2}\left(\dfrac{\partial v_x}{\partial y} + \dfrac{\partial v_y}{\partial x}\right)}{\tau_{xy}} = \dot{\lambda} \tag{9-9}$$

即

$$\frac{\dfrac{\partial v_x}{\partial y}+\dfrac{\partial v_y}{\partial x}}{\dfrac{\partial v_y}{\partial y}-\dfrac{\partial v_x}{\partial x}}=\frac{2\tau_{xy}}{\sigma_y-\sigma_x} \tag{9-10}$$

(4) 体积不可压缩条件

由于忽略了弹性变形,材料成为不可压缩的,故有 $\dot\varepsilon_{kk}=0$,即

$$\frac{\partial v_x}{\partial x}+\frac{\partial v_y}{\partial y}=0 \tag{9-11}$$

这样我们在塑性区有 5 个方程(9-6)、(9-7)、(9-10)、(9-11),求 5 个未知量 σ_x,σ_y,τ_{xy},v_x,v_y。而在刚性区要求应力满足平衡条件,且不违背屈服条件,以及 v_x,v_y 都为零或做刚体运动。在刚塑性交界处,应力和速度应满足连续性条件。

能满足上述条件以及应力和速度边界条件的解称为完全解。由于刚性区的具体应力分布是求不出的,因此不能称为真实解。如果无法检验刚性区的应力是否不违反屈服条件,则求出的极限载荷只能算是真实极限载荷的上限。

9.2 滑 移 线

9.2.1 滑移线的概念

通常,塑性变形区内的每一点都能找到一对正交的最大剪应力方向,将邻近点的最大剪应力方向连接起来就形成了两族正交的曲线,线上任意一点的切线方向即为该点的最大剪应力的方向。此两族正交曲线称为滑移线,其中一族叫 α 族,另一族叫 β 族,它们布满塑性区,形成滑移线场。最大剪应力方向与主应力方向的夹角为 $\pm45°$,我们规定,σ_1 方向顺时针转动 $45°$ 为 α 线,σ_1 方向逆时针转动 $45°$ 为 β 线。α 线与 x 轴的夹角记为 θ,如图 9-1 所示。两族滑移线方程为

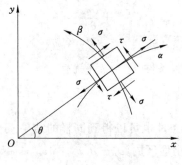

图 9-1

$$\left.\begin{array}{l}\alpha\text{ 线：}\ \dfrac{\mathrm{d}y}{\mathrm{d}x}=\tan\theta\\[2mm]\beta\text{ 线：}\ \dfrac{\mathrm{d}y}{\mathrm{d}x}=-\cot\theta\end{array}\right\} \tag{9-12}$$

屈服条件 $\left(\dfrac{\sigma_x - \sigma_y}{2}\right)^2 + \tau_{xy}^2 = k^2$，对应于半径为 k

的 Mohr 圆，如图 9-2 所示。由图可以看出

$$
\left.\begin{aligned}
\sigma_x &= \sigma - k\sin 2\theta \\
\sigma_y &= \sigma + k\sin 2\theta \\
\tau_{xy} &= k\cos 2\theta
\end{aligned}\right\} \tag{9-13}
$$

由于它们自动满足屈服条件，求应力分量 $\sigma_x,\sigma_y,\tau_{xy}$ 的
问题就变成了求每一点的 $\sigma(x,y),\theta(x,y)$ 的问题。

图 9-2

9.2.2　滑移线上的平衡方程

将式 (9-13) 代入平衡方程 (9-6)，有

$$
\left.\begin{aligned}
\frac{\partial \sigma}{\partial x} - 2k\left(\cos 2\theta \frac{\partial \theta}{\partial x} + \sin 2\theta \frac{\partial \theta}{\partial y}\right) &= 0 \\
\frac{\partial \sigma}{\partial y} - 2k\left(\sin 2\theta \frac{\partial \theta}{\partial x} - \cos 2\theta \frac{\partial \theta}{\partial y}\right) &= 0
\end{aligned}\right\} \tag{9-14}
$$

这是含有未知函数 $\sigma(x,y),\theta(x,y)$ 的一阶偏导数的非线性微分方程组。可以证明这个
方程组属于双曲型。下面我们研究求解这个方程组。

我们选择滑移线 α 和 β 作为曲线坐标系，如图 9-3 所示。以 s_α,s_β 代表 α,β 线的弧长。当 x,
y 轴与 α,β 一致时，$\theta = 0$，对 x,y 求导就变成对 s_α,s_β 求导，于是方程组 (9-14) 变为

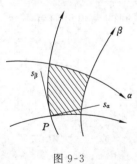

$$
\left.\begin{aligned}
\frac{\partial}{\partial s_\alpha}(\sigma - 2k\theta) &= 0 \\
\frac{\partial}{\partial s_\beta}(\sigma + 2k\theta) &= 0
\end{aligned}\right\} \tag{9-15}
$$

积分上式，有

$$
\left.\begin{aligned}
\text{沿 } \alpha \text{ 线：} \quad \sigma - 2k\theta = C_\alpha = \text{const} \\
\text{沿 } \beta \text{ 线：} \quad \sigma + 2k\theta = C_\beta = \text{const}
\end{aligned}\right\} \tag{9-16}
$$

图 9-3

式中 C_α 沿同一根 α 线是常数，C_β 沿同一根 β 线是常数。沿不同的
滑移线，一般来说是不同的数值。上式称为 Hencky 方程，表示滑
移线上 $\sigma(x,y),\theta(x,y)$ 的变化规律。若知道滑移线的形状，则 θ 为已知。从上式就可以求出
滑移线上 σ 的变化。这样从某点的 σ,θ 出发，顺着滑移线就可以得到整个区域的 σ 分布，进而
可以求出整个塑性区域的应力场。

9.2.3　沿滑移线的速度方程

从 Mohr 圆可以看出 $\dfrac{\sigma_x - \sigma_y}{2\tau_{xy}} = -\tan 2\theta$，由速度方程 (9-10) 和 (9-11) 可以得到

$$
\left.\begin{aligned}
\frac{\partial v_y}{\partial y} - \frac{\partial v_x}{\partial x} - \tan 2\theta\left(\frac{\partial v_x}{\partial y} + \frac{\partial v_y}{\partial x}\right) &= 0 \\
\frac{\partial v_x}{\partial x} + \frac{\partial v_y}{\partial y} &= 0
\end{aligned}\right\} \tag{9-17}
$$

将速度 v_x,v_y 沿滑移线方向分解

$$
\left.\begin{aligned}
v_x &= v_\alpha \cos\theta - v_\beta \sin\theta \\
v_y &= v_\alpha \sin\theta + v_\beta \cos\theta
\end{aligned}\right\} \tag{9-18}
$$

在局部取 x,y 坐标轴与滑移线一致,此时 $\theta = 0$,将式(9-18)代入式(9-17)可得

$$\left.\begin{aligned}\frac{\partial v_\alpha}{\partial s_\alpha} - v_\beta \frac{\partial \theta}{\partial s_\alpha} = 0 \\[2mm] \frac{\partial v_\beta}{\partial s_\beta} + v_\alpha \frac{\partial \theta}{\partial s_\beta} = 0\end{aligned}\right\} \tag{9-19}$$

沿滑移线就有

$$\left.\begin{aligned}\text{沿 } \alpha \text{ 线:} \quad \mathrm{d}v_\alpha - v_\beta \mathrm{d}\theta = 0 \\[2mm] \text{沿 } \beta \text{ 线:} \quad \mathrm{d}v_\beta + v_\alpha \mathrm{d}\theta = 0\end{aligned}\right\} \tag{9-20}$$

上式称为 Geiringer 方程。

如果将 x,y 坐标轴在局部与滑移线一致,此时 $\theta = 0$,由式(9-17)可得

$$\frac{\partial v_x}{\partial x} = 0, \quad \frac{\partial v_y}{\partial y} = 0$$

这意味着沿滑移线的正应变率为零,也就是说滑移线没有伸缩,因此,可以看出滑移线具有刚性的性质。

9.3　滑移线的性质

H. Hencky 等人根据前面的讨论,总结出滑移线的一些重要的性质,在求解刚塑性平面应变问题时很有用。

(1)在任何两条同族滑移线和另一族滑移线的交点上,其切线间的夹角沿前者不变。如图 9-4 所示,$\Delta\theta_{AB} = \Delta\theta_{CD}$。这又称为 Hencky 第一定理。

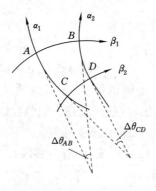

图 9-4

证明:取 α 族两条滑移线 α_1,α_2 和 β 族两条滑移线 β_1,β_2,组成图 9-4 所示的滑移线单元网格,交点分别为 A,B,C,D,由式(9-16)有

$$\left.\begin{aligned}\sigma = \frac{1}{2}(C_\alpha + C_\beta) \\[2mm] \theta = \frac{1}{4k}(C_\beta - C_\alpha)\end{aligned}\right\}$$

$$\theta_A = \frac{1}{4k}(C_{\beta 1} - C_{\alpha 1}), \quad \theta_B = \frac{1}{4k}(C_{\beta 1} - C_{\alpha 2})$$

$$\theta_C = \frac{1}{4k}(C_{\beta 2} - C_{\alpha 1}), \quad \theta_D = \frac{1}{4k}(C_{\beta 2} - C_{\alpha 2})$$

$$\Delta \theta_{AB} = \theta_B - \theta_A = \frac{1}{4k}(C_{\alpha 1} - C_{\alpha 2})$$

$$\Delta \theta_{CD} = \theta_D - \theta_C = \frac{1}{4k}(C_{\alpha 1} - C_{\alpha 2})$$

由此得出

$$\Delta \theta_{AB} = \Delta \theta_{CD}$$

定理证毕。

同理可得

$$\Delta \sigma_{AB} = \Delta \sigma_{CD}$$

（2）若一族滑移线中有一条是直线，则同族其他滑移线都是直线。

由前面的 Hencky 第一定理，容易推得。

（3）如果滑移线是直线，沿此直线的应力分量 $\sigma_x, \sigma_y, \tau_{xy}$ 都是常数。

设 α 线是直线，则沿该直线显然有 $\theta =$ 常数和 $C_\alpha =$ 常数。由式（9-16）易知 $\sigma = 2k\theta + C_\alpha$ 也是常数，由式（9-13）知 $\sigma_x, \sigma_y, \tau_{xy}$ 都是常数。

有一族直滑移线的场叫简单应力场。其中，最常见的情形是这族滑移线都汇交于一点，如图 9-5(a) 所示，称为中心场。

（4）若两族滑移线都是直线，则整个区域应力分量都不变，即为均匀应力场，简称均匀场，如图 9-5(b) 所示。

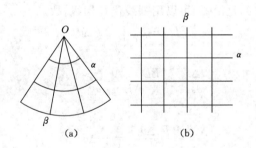

图 9-5

（a）中心场；（b）均匀场

（5）沿滑移线的平均应力 σ 的变化与滑移线和 x 轴的夹角 θ 的变化成正比。

这一点从式（9-16）容易看出。

（6）沿一族的某一滑移线移动，则另一族滑移线在交点处的曲率半径的改变量，在数值上等于所移动过的距离。即

$$\frac{\partial R_\alpha}{\partial s_\beta} = -1, \quad \frac{\partial R_\beta}{\partial s_\alpha} = -1 \tag{9-21}$$

这就是 Hencky 第二定理。

证明：根据曲率的定义

$$\frac{1}{R_\alpha} = \frac{\partial \theta}{\partial s_\alpha}, \quad \frac{1}{R_\beta} = -\frac{\partial \theta}{\partial s_\beta} \tag{9-22}$$

这里规定，当 α 线（β 线）的曲率中心位于 β 线（α 线）的增加方向时，R_α（或 R_β）取正值。如图 9-6 所示，R_α 和 R_β 都为正。由于沿 α 线增长方向，θ 增加，而沿 β 线增长方向，θ 角减少，因此，上面两式出现了不同的符号。

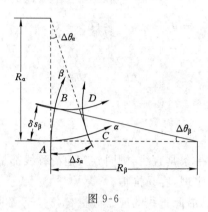

图 9-6

取无限邻近的 β 族两条滑移线，AB 和 CD，它们与 α 线相交的弧元为 Δs_α，由图中几何关系，有

$$R_\alpha \Delta \theta_\alpha = \Delta s_\alpha, \quad -R_\beta \Delta \theta_\beta = \Delta s_\beta$$

求偏导数

$$\frac{\partial \Delta s_\alpha}{\partial s_\beta} = \frac{\partial (R_\alpha \Delta \theta_\alpha)}{\partial s_\beta}$$

从图 9-6 来看，因为研究的是微弧，可以用割线代替切线，故

$$BD \approx \Delta s_\alpha - \Delta s_\beta \Delta \theta_\alpha$$

从而有

$$\frac{\partial \Delta s_\alpha}{\partial s_\beta} = \frac{BD - AC}{AB} = -\Delta \theta_\alpha$$

进而有

$$\frac{\partial (R_\alpha \Delta \theta_\alpha)}{\partial s_\beta} = -\Delta \theta_\alpha$$

根据 Hencky 第一定理，$\Delta \theta_\alpha$ 是不随 s_β 变化的常数，上式变为

$$\frac{\partial R_\alpha}{\partial s_\beta} = -1$$

同理可证

$$\frac{\partial R_\beta}{\partial s_\alpha} = -1$$

定理证毕。

Hencky 第二定理也可以写成

沿 α 线： $\mathrm{d}R_\beta + \mathrm{d}s_\alpha = 0$ 或 $\mathrm{d}R_\beta + R_\alpha \mathrm{d}\theta = 0$
沿 β 线： $\mathrm{d}R_\alpha + \mathrm{d}s_\beta = 0$ 或 $\mathrm{d}R_\alpha + R_\beta \mathrm{d}\theta = 0$

如图 9-7 所示，β 线在 A 点处的曲率半径 AP 等于 β 线在 B 点处的曲率半径 BQ 与弧长

AB 之和。因此,Prandtl 将 Hencky 第二定理叙述为:β 线与某一 α 线交点处的曲率中心构成该 α 线的渐伸线 PO。

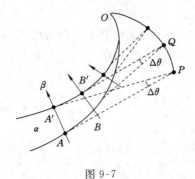

图 9-7

9.4　边界条件

前面求解方程组时,将变量从 $\sigma_x,\sigma_y,\tau_{xy},v_x,v_y$ 五个,变为 σ,θ,v_x,v_y 四个,边界条件也需要相应变换。边界也包括塑性区与刚性区的交界线。下面分几种情况来讨论。

9.4.1　用 σ,θ 表示的边界条件

在应力边界 S_T 上,每一点的应力为 σ_n,τ_{nt} 为已知,这里 n 是边界的外法线方向,它与 x 轴的夹角用 φ 表示(从 x 轴逆时针转动 φ 到 n),则从 n 轴逆时针转 $\theta-\varphi$ 角到达 α 线,如图 9-8 所示。

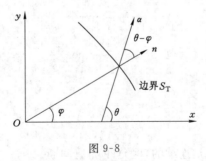

图 9-8

如果 x 轴取在 n 轴上,根据式(9-13)有

$$\left.\begin{array}{l}\sigma_n = \sigma - k\sin 2(\theta-\varphi) \\ \sigma_t = \sigma + k\sin 2(\theta-\varphi) \\ \tau_{nt} = k\cos 2(\theta-\varphi)\end{array}\right\} \tag{9-23}$$

由上式可以解得

$$\left.\begin{array}{l}\theta = \varphi \pm \dfrac{1}{2}\arccos \dfrac{\tau_{nt}}{k} + m\pi \\[2mm] \sigma_t = \sigma_n \pm 2\sqrt{k^2 - \tau_{nt}^2} \\[2mm] \sigma = \sigma_n \pm \sqrt{k^2 - \tau_{nt}^2}\end{array}\right\} \tag{9-24}$$

在上面公式中，arccos 取主值，m 取 0 或 1，m 的取值不会影响滑移线 α，β 的确定，但会改变 α，β 线的正向。公式中的正负号的选取，应视具体问题来定。

9.4.2　两个塑性区的交界线

两个塑性区的交界线用 Γ 线表示，如果 Γ 不是滑移线，以 n 和 t 表示交界线的法向和切向，如图 9-9 所示。

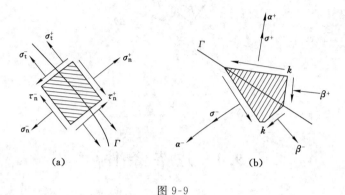

图 9-9

由平衡关系知，σ_n 与 τ_{nt} 必须是连续的，但允许 σ_t 有间断，根据式（9-24），σ，θ 也会有间断。其间断值为

$$[\sigma_t] = |\sigma_t^+ - \sigma_t^-| = 4\sqrt{k^2 - \tau_{nt}^2} \tag{9-25}$$

$$[\sigma] = |\sigma^+ - \sigma^-| = 2\sqrt{k^2 - \tau_{nt}^2} = 2k|\sin 2(\theta - \varphi)| \tag{9-26}$$

取 $m = 0$，Γ 两边的 θ 值分别为

$$\left.\begin{aligned} \theta^+ &= \varphi + \frac{1}{2}\arccos\frac{\tau_{nt}}{k} \\ \theta^- &= \varphi - \frac{1}{2}\arccos\frac{\tau_{nt}}{k} \end{aligned}\right\} \tag{9-27}$$

由此得

$$\theta^+ - \varphi = -(\theta^- - \varphi)$$

9.4.3　刚塑性交界线

根据平衡条件，σ_n 和 τ_{nt} 是连续的，但允许 σ_t 有间断。

对于速度，如果不计整体的刚性位移，可以认为刚性区内的速度 $v_\alpha = v_\beta = 0$，在塑性区内速度不能全为零（否则成为刚性区），然而，在交界线上，$v_n = 0$，因此 v_t 要发生间断，使塑性区相对于刚性区滑动。这条交界线必须是一根滑移线或滑移线的包络线。

9.5　简单的滑移线场

滑移线法求解刚塑性平面应变问题的前提是，首先要针对具体的问题建立起满足应力与速度边界条件的滑移线场。

实际解决问题时，常常根据对前人资料的积累，或由实验结果按材料的流动情况、边界条件、应力状态逐一分区考虑，然后由几种类型的场拼接成综合的滑移线场。下面介绍一些常见的滑移线场。

9.5.1　均匀应力的滑移线场

在直边界上,若 $\sigma_n = $ const,$\tau_{nt} = 0$,则由边界出发点滑移线场是两族与边界呈 $45°$ 的直滑移线。滑移线区域是一个等腰三角形,在这个区域内 σ,θ 都是常数,因此应力分量也是常数,我们把这样的滑移线场成为均匀场,如图 9-10 所示。

9.5.2　简单应力滑移线场

在均匀应力区的塑性区,其中有一根滑移线一定是直线,由滑移线的性质知,同族的滑移线都为直线,这种滑移线场称为简单应力场,如图 9-11 所示。其中 9-11(b) 是在简单应力场中经常遇到的一种称为中心滑移线场。此时,另一族滑移线是同心圆,圆心是应力的奇点。

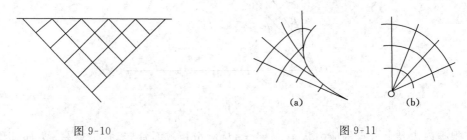

图 9-10 　　　　　　　　　　　　　图 9-11

9.5.3　轴对称应力滑移线场

考虑到边界是圆,而且在圆周上没有剪应力的轴对称问题。

由于问题是轴对称的,在极坐标 (r,φ) 中,$\tau_{r\varphi} = 0$。所以在每一点滑移线都与径向呈 $45°$ 角,以 $r = f(\varphi)$ 表示滑移线的轨迹,则有

$$\frac{\mathrm{d}r}{r\mathrm{d}\varphi} = \pm \tan \frac{\pi}{4} = \pm 1$$

积分得

$$\varphi = \pm \ln r + C \tag{9-28}$$

该式代表了两族正交对数螺旋线,如图 9-12 所示。

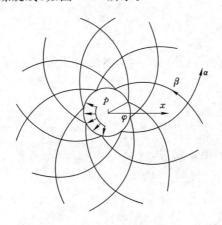

图 9-12

【例 9-1】 无限长厚壁圆筒承受内压 p 作用,计算筒的塑性极限内压大小。设筒的外径为 $2b$,内径为 $2a$,材料的屈服应力为 σ_s。

解 该问题可以看成是平面应变问题。根据上面的分析,筒全部进入塑性状态时塑性区的滑移线场为对数螺旋线,如图 9-13 所示。

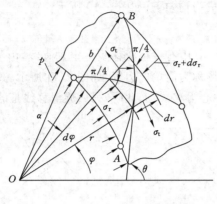

图 9-13

根据内边界上 A 点的应力状态,$\sigma_1 = \sigma_\varphi$,从 σ_1 分析顺时针转动 $45°$ 就是 α 方向。因此图中 AB 线为 α 线。沿 α 线,从 A 到 B,r,φ 都增大,所以式(9-28)中取正号。即

$$\varphi = \ln r + C$$

从图中还可以看出

$$\theta = \varphi + \frac{\pi}{4}$$

由边界条件,在内表面 A 处有

$$\sigma_r = -p, \quad \theta_A = \varphi_A + \frac{\pi}{4} = \ln a + C + \frac{\pi}{4}$$

考虑到屈服条件 $\sigma_1 - \sigma_3 = \sigma_\varphi - \sigma_r = 2k$,所以 A 点有 $\sigma_\varphi = 2k - p$。

内表面的平均应力为 $\sigma_A = \frac{1}{2}(\sigma_1 + \sigma_3) = \frac{1}{2}(\sigma_\varphi + \sigma_r) = k - p$。

外表面 B 处,$\sigma_r = 0$,$\theta_B = \ln b + C + \frac{\pi}{4}$,屈服条件 $\sigma_1 - \sigma_3 = \sigma_\varphi - \sigma_r = 2k$,所以 B 点有 $\sigma_\varphi = 2k$。

外表面的平均应力为 $\sigma_B = \frac{1}{2}(\sigma_1 + \sigma_3) = \frac{1}{2}(\sigma_\varphi + \sigma_r) = k$。

由 Hencky 方程(9-16),沿 α 线,$\sigma_A - 2k\theta_A = \sigma_B - 2k\theta_B$,将上述结果代入,有

$$k - p - 2k\ln a = k - 2k\ln b$$

所以

$$p = 2k\ln \frac{b}{a}$$

与前面的解答一致。

9.6　几种边值问题的提法及滑移线场的数值解法

从已知边界条件,利用滑移线,就可以逐步从边界开始将区域内的 $\sigma,\theta,v_a,v_\beta$ 求出。根据边界条件的不同,可以建立以下三类基本边值问题,这些问题都可以借助差分法求得数值解。

9.6.1　第一类边值问题(Rieman 问题)

如图 9-14 所示,已知两相交滑移线 OA,OB 上的 σ,θ 值,则可以求出四条滑移线围成的曲边四边形 $OACB$ 内的 σ,θ 值。

将 OA 和 OB 分成若干段,OA 线上的点为 $(0,0),(1,0),(2,0),\cdots,(m,0)\cdots$ OB 线上的点为 $(0,0),(0,1),(0,2),\cdots,(0,n)\cdots$。在这些点上的 σ 皆为已知。由 Hencky 第一定理,可以得到如下递推关系

$$\left.\begin{array}{l} \theta_{m,n} = \theta_{m,n-1} + \theta_{m-1,n} - \theta_{m-1,n-1} \\ \sigma_{m,n} = \sigma_{m,n-1} + \sigma_{m-1,n} - \sigma_{m-1,n-1} \end{array}\right\}$$

滑移线网交点的直角坐标,可以用沿 α 线 $\dfrac{\mathrm{d}y}{\mathrm{d}x}=\tan\theta$,沿 β 线 $\dfrac{\mathrm{d}y}{\mathrm{d}x}=-\cot\theta$ 的差分形式给出

$$\left.\begin{array}{l} y_{m,n} - y_{m-1,n} = (x_{m,n} - x_{m-1,n})\tan\left[\dfrac{1}{2}(\theta_{m,n} + \theta_{m-1,n})\right] \\ y_{m,n} - y_{m,n-1} = -(x_{m,n} - x_{m,n-1})\tan\left[\dfrac{1}{2}(\theta_{m,n} + \theta_{m,n-1})\right] \end{array}\right\}$$

这样就可以求出区域内任意一点 (m,n) 的坐标值 $(x_{m,n},y_{m,n})$ 以及相应的 $\sigma_{m,n}$ 和 $\theta_{m,n}$ 值。

如果滑移线 OB 曲率很大,在极限情况下退化为一点 O,这样的问题称为退化的 Rieman 问题。如图 9-15 所示。

这种情况下,与上面的讨论类似,仍然可以利用递推关系得到曲边三角形区域 OAB 内的各点数值。

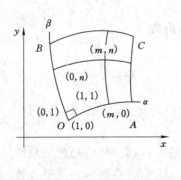

图 9-14

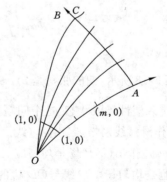

图 9-15

9.6.2　第二类边值问题(Cauchy 问题)

如图 9-16 所示,设沿一根非滑移线段 AB 上给定 σ,θ 值,则可以求出区域 ABP 内的 σ,

θ 值。严格地说,应要求 AB 光滑,且不与任一滑移线相交两次,还要求 AB 上所给的 σ, θ 值及其一、二阶导数均连续。

先将 AB 用分点 $(0,0),(1,1),(2,2),\cdots$ 分成若干小段,过每一分点都可以做两条滑移线,由此得到一个滑移线网。节点 (m,n) 处的 σ, θ 值利用 Hencky 方程(9-16)计算:

$$
\left.
\begin{aligned}
\sigma_{m,n} - 2k\theta_{m,n} &= \sigma_{n,n} - 2k\theta_{n,n} \\
\sigma_{m,n} + 2k\theta_{m,n} &= \sigma_{m,m} + 2k\theta_{m,m}
\end{aligned}
\right\}
$$

得到如下递推关系

$$
\left.
\begin{aligned}
\sigma_{m,n} &= \frac{1}{2}(\sigma_{m,m} + \sigma_{n,n}) + k(\theta_{m,m} - \theta_{n,n}) \\
\theta_{m,n} &= \frac{1}{4k}(\sigma_{m,m} - \sigma_{n,n}) + \frac{1}{2}(\theta_{m,m} + \theta_{n,n})
\end{aligned}
\right\}
$$

9.6.3 第三类边值问题(混合问题)

设在某一滑移线线段 OA 上给定了 σ, θ 值,而在另一条非滑移线段 OB 上给定了 θ 值,则过 B 点的另一族滑移线 AB 与 OA 和 OB 所构成的三角形区域 OAB 内的解可以确定。如图 9-17 所示。

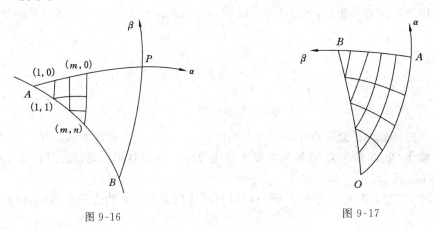

图 9-16   图 9-17

9.7 单边受压的楔

如图 9-18 所示,楔的张角是 $2\gamma > \dfrac{\pi}{2}$,在 OD 边上作用垂直向下的均布载荷 p,求当 p 为多大时,进入塑性极限状态。这个问题在研究边坡稳定时具有一定的意义。

(1) 作滑移线网格,定出 α, β 线

由 OA 边作出 OAB 场是均匀应力场(第二边值问题),α, β 线与 OA 边的夹角都是 $45°$。同样 OCD 也是均匀场,α, β 线与 OD 边的夹角也都是 $45°$。显然 OBC 区域应是中心场。这样,区域 $OABCD$ 是塑性区,$ABCD$ 是一条滑移线,也是刚塑性区域分界线。

对于 OA 边来讲,由于 $\sigma_n = 0$,从整体受力可以看出 $\sigma_t < 0$,故有,$\sigma_1 = \sigma_n = 0, \sigma_3 = \sigma_t$,所以 OB 是 α 线,AB 是 β 线。

对于 OD 边来讲,由于 $\sigma_n = -p$,从整体受力可以看出 $\sigma_3 = \sigma_n$,所以 $\sigma_1 = \sigma_t, OC$ 是 α 线,

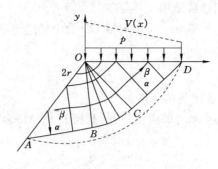

图 9-18

CD 是 β 线。

所以，$ABCD$ 是 β 线。O 点是多条 α 线的汇交点，O 点的 θ 值不唯一，区域 OBC 相应于一个退化的 Rieman 问题。

（2）求出各点的应力值，确定塑性极限载荷 p_s

在 OA 边上，$\sigma_1 = \sigma_n = 0, \sigma_3 = \sigma_t$，由屈服条件 $\sigma_1 - \sigma_3 = 2k$，得 $\sigma_t = -2k$，所以 $\sigma = \frac{1}{2}(\sigma_1 + \sigma_3) = -k$，由于 OAB 是均匀场，所以有

$$\sigma_A = \sigma_B = -k$$

在 OD 边上，$\sigma_n = \sigma_3 = -p_s, \sigma_1 = \sigma_t$，由屈服条件 $\sigma_1 - \sigma_3 = 2k$，得 $\sigma_t = 2k - p_s$，所以 $\sigma = \frac{1}{2}(\sigma_1 + \sigma_3) = k - p_s$，由于 OAB 是均匀场，所以有

$$\sigma_D = \sigma_C = k - p_s$$

沿 BC 线（β 线），有 $\sigma_B + 2k\theta_B = \sigma_C + 2k\theta_C$，即

$$\sigma_B - \sigma_C = 2k(\theta_C - \theta_B)$$

而 $\theta_C - \theta_B = 2\gamma - \dfrac{\pi}{2}$，所以

$$\sigma_B - \sigma_C = 2k\left(2\gamma - \frac{\pi}{2}\right)$$

将前面求得的 σ_B, σ_C 代入上式，有

$$p_s = 2k\left(1 + 2\gamma - \frac{\pi}{2}\right) \tag{9-29}$$

（3）求速度分布

在 OD 边上，已知 $v_y = -V(\bar{x})$（$\bar{x}$ 表示在 OD 边上的 x 值），注意到

$$v_y = v_\alpha \sin\theta + v_\beta \cos\theta = -\frac{\sqrt{2}}{2}v_\alpha + \frac{\sqrt{2}}{2}v_\beta$$

所以，在 OD 边上有

$$-v_\alpha + v_\beta = -\sqrt{2}V(\bar{x}) \tag{9-30}$$

在刚塑性区交界线 $ABCD$ 上，法向速度连续，故有 $v_\alpha = 0$，求区域 $OABCD$ 内的速度分布是一个求解速度场的第三边值问题。

沿 α 线，有 $\mathrm{d}v_\alpha - v_\beta \mathrm{d}\theta = 0$，因为 α 线是直线，$\mathrm{d}\theta = 0$，得 $\mathrm{d}v_\alpha = 0, v_\alpha = \text{const}$，由于 $ABCD$

边上，$v_\alpha = 0$，所以在整个塑性区域内 $v_\alpha = 0$。

沿 β 线，有 $\mathrm{d}v_\beta - v_\alpha \mathrm{d}\theta = 0$，得 $v_\beta = \text{const}$，在 OD 边上的边界条件式（9-30），因为 $v_\alpha = 0$，变为 $v_\beta = -\sqrt{2}V(\bar{x})$，所以沿 β 线有

$$v_\beta = -\sqrt{2}V(\bar{x}) \tag{9-31}$$

（4）校核应变率与应力成比例的条件

这个条件主要要求剪应变率与剪应变一致，根据 Levy-Mises 关系，有：

$$\dot{\lambda} = \frac{\dfrac{\partial v_\alpha}{\partial S_\beta} + \dfrac{\partial v_\beta}{\partial S_\alpha}}{2k} \geqslant 0$$

由于 $v_\alpha = 0$，上式变为 $\dfrac{\partial v_\beta}{\partial S_\alpha} \geqslant 0$。因为 $\mathrm{d}S_\alpha = \sqrt{2}\,\mathrm{d}\bar{x}$，故 $\dfrac{\partial v_\beta}{\partial S_\alpha} = \dfrac{\sqrt{2}}{2}\dfrac{\partial v_\beta}{\partial \bar{x}}$，考虑到式（9-31），有

$$\frac{\partial v_\beta}{\partial S_\alpha} = -\frac{\mathrm{d}V(\bar{x})}{\mathrm{d}\bar{x}}$$

即

$$\frac{\mathrm{d}V(\bar{x})}{\mathrm{d}\bar{x}} \leqslant 0$$

这一点在图 9-18 上表现为左边的质点比右边的质点下滑得快。这样的滑动产生的剪力与我们求出的应力场中的剪应力是一致的，否则，滑动趋势与剪应力符号相矛盾。

（5）校核刚性区条件

在刚性区 $v_\alpha = v_\beta = 0$ 的条件是满足的，但刚性区的应力是否符合屈服条件，一般不好验证。Shield 对 $2\gamma \geqslant \dfrac{3}{4}\pi$ 的情形，在刚性区找到了不违反屈服条件的应力分布，在这种情况下求出的解是完全解。对于 $2\gamma < \dfrac{3}{4}\pi$ 的情形，式（9-29）只能算是 p_s 的一个上限。

（6）$2\gamma < \dfrac{1}{2}\pi$ 情形

如图 9-19 所示，由 OA 与 OD 作出的两个均匀场发生了重叠，其结果是在楔的角平分线上形成应力间断线。以 θ^+ 表示右边 α 线的 θ 角，以 θ^- 表示左边 α 线的 θ 角，通过几何图形，有

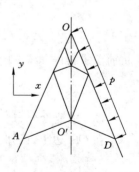

图 9-19

$$\theta^+ = \frac{\pi}{4} + \gamma = -\theta^-, \qquad \varphi = 0$$

其中 φ 为间断线 OO' 的法线与 x 轴的夹角。由式（9-26）有

$$[\sigma] = 2k|\sin 2(\theta^+ - \varphi)| = 2k\sin\left(2\gamma + \frac{\pi}{2}\right) = 2k\cos 2\gamma$$

在左边 OAO' 内，$\sigma^- = -k$，在右边 ODO' 内，$\sigma^+ = -p + k$，代入上式有

$$\sigma^+ - \sigma^- = -p + 2k = 2k\cos 2\gamma$$

由此求得

$$p_\mathrm{s} = 2k[1 - \cos 2\gamma]$$

9.8　刚性压模的冲压问题

不考虑压模与介质之间的摩擦作用,就可以利用前一节的结果,取 $2\gamma = \pi$,即可求得。注意到,介质可以向压模的两侧运动,Prandtl 提出了如图 9-20 所示的滑移线场,相应的极限载荷为

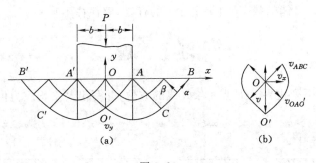

图 9-20

$$p_s = k(2 + \pi)$$

作用在压模上的总压力为

$$P = 2bp_s = 2bk(2 + \pi)$$

现在来看速度场,压模具有向下的速度 v,在 AA' 边上质点也要以速度 v 向下运动,故有

$$v_\alpha = v_\beta = \frac{\sqrt{2}}{2}v$$

容易求得区域 ABC 内的速度分布 $v_\alpha = \frac{\sqrt{2}}{2}v, v_\beta = 0$,这时 AB 段速度向上分量为 $\frac{1}{2}v$,从材料不可压缩性也容易得到这样的结果。因为 AA' 向下运动,而 AB、$B'A'$ 两端向上移动,$AB + B'A' = 2AA'$,故速度要降低一半。

对于本问题,也可以作另一滑移线场(Hill 解),如图 9-21 所示。

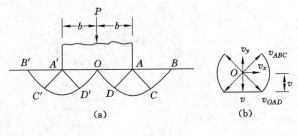

图 9-21

Hill 解的塑性区比 Prandtl 解的塑性区要小,可以看出极限压力与塑性区的应力两种解

法都一样,但现在在 OA 边上 $v_a = \sqrt{2}\,v$,所以在 BCA 区域的速度场是 $v_a = \sqrt{2}\,v, v_\beta = 0, BA$ 段向上的速度分量是 v。从材料的不可压缩性来看,这也是显然的,因为现在 $AB + B'A' = AA'$,故向下的速度和向上的速度相等。

从这个例子我们可以看到,对于同一问题,可以有滑移线场范围不同的两个完全解,这两者在塑性区应力分布都相同,对应的塑性极限载荷也相同,但速度场有差别。由此可以看出以刚塑性假设为依据,利用滑移线得到的解答是不唯一的,其原因是滑移线场往往是根据经验作出的,是一种可能的状态,由于刚性区的存在,解往往不唯一。

习　题

9.1　试绘出下列边界上 P 点 α, β 处线的方位,并写出其平均应力值。

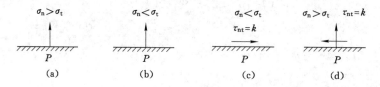

题 9.1 图

9.2　图示楔体,两面受压,已知 $2\gamma = \dfrac{3\pi}{4}$,分别对 $q = 0.5p$ 和 $q = p$ 两种情况求极限载荷 p_s。

9.3　试求图示直角边坡的极限载荷 q_s。

9.4　试求图示斜坡的极限载荷 q_s。

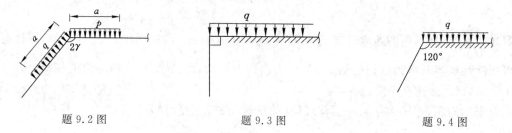

题 9.2 图　　　　题 9.3 图　　　　题 9.4 图

参 考 文 献

[1] 陈惠发,等. 弹性与塑性力学[M]. 余天庆,等,译. 北京:中国建筑工业出版社,2004.

[2] 陈明祥. 弹塑性力学[M]. 北京:科学出版社,2007.

[3] 丁大钧,单炳梓,马军. 工程塑性力学[M]. 修订版. 南京:东南大学出版社,2007.

[4] 黄克智,黄永刚. 固体本构关系[M]. 北京:清华大学出版社,1999.

[5] 黄克智,薛明德,陆明万. 张量分析[M]. 第 2 版. 北京:清华大学出版社,2003.

[6] 黄文彬,曾国平. 弹塑性力学难题分析[M]. 北京:高等教育出版社,1992.

[7] 李立新,胡胜德. 塑性力学基础[M]. 北京:冶金工业出版社,2009.

[8] 李咏偕,施泽华. 塑性力学[M]. 北京:水利电力出版社,1987.

[9] 米海珍,胡燕妮. 塑性力学[M]. 北京:清华大学出版社,2014.

[10] 尚福林. 塑性力学基础[M]. 西安:西安交通大学出版社,2015.

[11] 宋卫东. 塑性力学[M]. 北京:科学出版社,2017.

[12] 王仁,黄文彬,黄筑平. 塑性力学引论[M]. 修订版. 北京:北京大学出版社,1992.

[13] 王仁,熊祝华,黄文彬. 塑性力学基础[M]. 北京:科学出版社,1998.

[14] 王仲仁. 塑性加工力学基础[M]. 北京:国防工业出版社,1989.

[15] 王自强,段祝平. 塑性细观力学[M]. 北京:科学出版社,1995.

[16] 武际可. 力学史[M]. 重庆:重庆出版社,2000.

[17] 夏志皋. 塑性力学[M]. 上海:同济大学出版社,2002.

[18] 熊祝华. 结构塑性分析[M]. 北京:人民交通出版社,1987.

[19] 徐秉业. 弹性与塑性力学——例题和习题[M]. 第二版. 北京:机械工业出版社,1991.

[20] 徐秉业. 塑性力学[M]. 北京:高等教育出版社,1988.

[21] 严宗达. 塑性力学[M]. 天津:天津大学出版社,1988.

[22] 杨桂通. 弹塑性力学引论[M]. 北京:清华大学出版社,2004.

[23] 余同希. 塑性力学[M]. 北京:高等教育出版社,1989.

[24] 余同希,薛璞. 工程塑性力学[M]. 北京:高等教育出版社,2010.

[25] 俞茂宏,马国伟,李建春. 结构塑性力学[M]. 杭州:浙江大学出版社,2009.

[26] CHAKRABARTY J. Theory of plasticity[M]. New York:McGraw-Hill,1987.

[27] CHEN W F, HAN D J. Plasticity for structural engineerings[M]. New York:Springer-Verlag,1988.

[28] HILL R. Mathematical theory of plasticity[M]. London:Oxford University Press,1950.

[29] KACHNOV L M. 塑性理论基础[M]. 周承倜,译. 北京:人民教育出版社,1982.

[30] LUBLINER JACOB. Plasticity theory[M]. New York:Macmillan Publishing

Company,1990.

[31] MATIN J B. Plasticity: fundamental and general results [M]. Cambridge: MIT Press,1975.

[32] PRAGER W. An introduction to plasticity[M]. London: Addison-Wesley Publishing Company,1959.